D1691165

Fabian Pickel

Internet statt UKW

Bringt die Digitalisierung die Radio-Revolution?

Bachelor + Master
Publishing

**Pickel, Fabian: Internet statt UKW: Bringt die Digitalisierung die Radio-Revolution?,
Hamburg, Bachelor + Master Publishing 2013**

Originaltitel der Abschlussarbeit: Internet kills the Radio Star? Eine Entwicklungsanalyse des deutschen Radiomarktes unter Betrachtung digitaler Verbreitungswege

Buch-ISBN: 978-3-95684-071-5
PDF-eBook-ISBN: 978-3-95684-571-0
Druck/Herstellung: Bachelor + Master Publishing, Hamburg, 2013
Covermotiv: © Kobes · Fotolia.com
Zugl. Universität Hamburg, Hamburg, Deutschland, Magisterarbeit, 2010

Bibliografische Information der Deutschen Nationalbibliothek:
Die Deutsche Nationalbibliothek verzeichnet diese Publikation in der Deutschen Nationalbibliografie; detaillierte bibliografische Daten sind im Internet über http://dnb.d-nb.de abrufbar.

Das Werk einschließlich aller seiner Teile ist urheberrechtlich geschützt. Jede Verwertung außerhalb der Grenzen des Urheberrechtsgesetzes ist ohne Zustimmung des Verlages unzulässig und strafbar. Dies gilt insbesondere für Vervielfältigungen, Übersetzungen, Mikroverfilmungen und die Einspeicherung und Bearbeitung in elektronischen Systemen.

Die Wiedergabe von Gebrauchsnamen, Handelsnamen, Warenbezeichnungen usw. in diesem Werk berechtigt auch ohne besondere Kennzeichnung nicht zu der Annahme, dass solche Namen im Sinne der Warenzeichen- und Markenschutz-Gesetzgebung als frei zu betrachten wären und daher von jedermann benutzt werden dürften.

Die Informationen in diesem Werk wurden mit Sorgfalt erarbeitet. Dennoch können Fehler nicht vollständig ausgeschlossen werden und die Diplomica Verlag GmbH, die Autoren oder Übersetzer übernehmen keine juristische Verantwortung oder irgendeine Haftung für evtl. verbliebene fehlerhafte Angaben und deren Folgen.

Alle Rechte vorbehalten

© Bachelor + Master Publishing, Imprint der Diplomica Verlag GmbH
Hermannstal 119k, 22119 Hamburg
http://www.diplomica-verlag.de, Hamburg 2013
Printed in Germany

Inhaltsverzeichnis

TABELLEN / ABBILDUNGEN

ABKÜRZUNGSVERZEICHNIS

1. **EINLEITUNG** 1
   1.1. „Video killed the radio star." – Tatsächlich? 1
   1.2. Neuartige Konkurrenz: Internetradio und seine Potenziale 3
   1.3. Szenarien und Konsequenzen einer künftigen Hörfunknutzung 7
   1.4. Begründung der thematischen Relevanz 9
   1.5. Fragestellung: Hat der konventionelle Hörfunk noch eine Perspektive? 11
   1.6. Vorgehensweise / Aufbau dieser Arbeit 13
   1.7. Zu Grunde liegendes empirisches Material 14

2. **RADIO IN DEUTSCHLAND** 17
   2.1. Der konventionelle Radio-Begriff 17
   2.2. Programmentwicklung vom Vollprogramm zum Formatradio 19
   2.3. Programmgestaltung und Zielgruppenausrichtung im Formatradio 22
   2.4. Die Homogenität des konventionellen Programmangebotes 24
   2.5. Hörnutzungsverhalten 26
   2.6. Einschaltmotivationen 29
   2.7. Das Idealradio aus der Rezipientenperspektive 31

3. **TECHNISCHE INNOVATIONEN UND EINE VERÄNDERTE MEDIENNUTZUNG** 35
   3.1. Technische Innovationen der Vergangenheit und ihre Konsequenzen für das Radio ... 36
   3.2. Gegenwärtige technische Innovationen 40
   3.2.1. Internetradio 41
   3.2.1.1. Definition Internetradio 42
   3.2.1.2. Unterschiede zum konventionellen Radio 43
   3.2.1.3. Distribution, Markt 45
   3.2.1.4. Nutzungsparameter 48
   3.2.2. Online-Radiodienste 56
   3.2.3. Podcasting 57
   3.2.4. Mobile Medienabspielgeräte 60

4. **KONSEQUENZEN DER NEUEN TECHNOLOGIEN FÜR DAS HÖRNUTZUNGSVERHALTEN UND DIE RADIOINDUSTRIE** 62
   4.1. Media-Analyse Radio 62
   4.2. Langzeitstudie Massenkommunikation 67
   4.3. ARD/ZDF-Onlinestudie 69
   4.4. WDR-Webradiostudie 2007/2008 71

5. **THEORETISCHE ERKLÄRUNGSVERSUCHE** 77
   5.1. Hypothese 1: Konventionelles Massenradio existenziell bedroht 78
   5.1.1. Theoretische Begründung: Individualisierungstendenzen in der Mediennutzung ... 80
   5.1.2. Modernisierung und Individualisierung bei Ulrich Beck 83
   5.1.3. Rückläufige konventionelle Radionutzung als Individualisierungssymptom 86
   5.2. Hypothese 2: Konventionelles Massenradio wird fortbestehen 87
   5.2.1. Theoretische Begründung: Komplexe Selektionsprozesse begünstigen konventionellen Hörfunk 90
   5.2.2. Komplexitätsreduktion bei Niklas Luhmann 92
   5.2.3. Geringe stationäre Internetradionutzung als Beispiel für Komplexität? 94
   5.3. Ergebnis 96

6. **FAZIT** 99

7. **LITERATUR**

Tabellen / Abbildungen

Abb. 1: Bindung an die Medien: Vermissen und Entscheidung in einer simulierten
Grenzsituation 1970 bis 2005   11

Abb. 2: Programmformate der Privatradios 2008   25

Abb. 3: Radionutzung im Tagesverlauf nach Altersklassen   29

Abb. 4: Qualität als Spannungsbögen   32

Abb. 5: Programmelemente des Idealradios   33

Abb. 6: Musikrichtungen des Idealradios   34

Abb. 7: Nutzungsmotive des Internetradios von Personen, die ein reines Musikprogramm
präferieren   49

Abb. 8: Internetradio-Anlage mit Fernbedienung für die Steuerung mehrerer Räume   52

Abb. 9: iPhone-App von 90elf – Dein Fußball-Radio (Screenshot)   53

Abb. 10: Genutzte Internetzugänge unterwegs 2007-2009   55

Abb. 11: Genutzte Podcasting-Inhalte von Radiosendern   59

Abb. 12: Entwicklung von Tagesreichweite, Hördauer und Verweildauer   65

Abb. 13: Entwicklung der Mediennutzung 1980 bis 2005   68

Abb. 14: Nutzung von Internetradio in den letzten 14 Tagen nach erster Hörphase   72

Abb. 15: Nutzungshäufigkeit Internetradio zum Ende der Untersuchung   72

Abb. 16: Über das Internet am häufigsten gehörte Sender   73

Abb. 17: Einstellungen: Hörverhalten Internetradio und normales Radio   75

Abb. 18: Personalisierungs-Pyramide von Online-Inhalten   81

Abkürzungsverzeichnis

AC	Adult Contemporary (Radioformat)
AOR	Adult Oriented Rock (Radioformat)
AS&S	ARD Sales & Services (Werbezeitenvermarktungs-Unternehmen)
CHR	Contemporary Hit Radio (Radioformat)
DAB	Digital Audio Broadcast
DSL	Digital Subscriber Line (Breitband-Internetverbindung)
DSR	Digital Satellite Radio
GEMA	Gesellschaft für musikalische Aufführungs- und mechanische Vervielfältigungsrechte
GSM	Global System for Mobile Communications (Mobilfunkstandard), früher: Groupe Spécial Mobile
IP	Internet Protocol
ma	Media-Analyse
MOR	Middle of the Road (Radioformat)
PDA	Personal Digital Assistant
RDS	Radio Data System
RMS	Radio Marketing Services
UC	Urban Contemporary (Radioformat)
UMTS	Universal Mobile Telecommunications System (Breitband-Mobilfunkstandard)
WLAN	Wireless Local Area Network
WWAN	Wireless Wide Area Network

1. Einleitung

Am 1. August 1981 startete der Musikfernsehsender MTV (Music Television) sein amerikanisches Programm. Im ersten ausgestrahlten Musikvideo mit dem Titel „Video killed the radio star" besingt die britische Popgruppe „The Buggles" die goldenen Zeiten des Radios, die von der gegenwärtigen Jugend nicht mehr geschätzt würden. Keine zufällige Entscheidung: Als MTV die Erfolgsgeschichte des Musikfernsehens begann, galt das Medium Radio einmal mehr als abgelöst. Die gespielten Clips hatten wenige Jahre nach Sendestart für die Musikindustrie das Radio als marketingstrategisches Instrument abgelöst, so groß war das Interesse der Rezipienten. Len Epand, Chef der Plattenfirma Polygram Records konstatierte Ende der 1980er-Jahre: „If you're not on MTV, to a large share of consumers you just don't exist."[1]

Der Einfluss des Radios auf den kommerziellen Erfolg eines Musiktitels fiel hinter den Effekten eines Videoclips im Musikfernsehen zurück. Das Schicksal eines Mediums soll hier freilich nicht lediglich an seiner marketingstrategischen Macht gemessen werden.

1.1. „Video killed the radio star." – Tatsächlich?

Bereits rund 20 Jahre zuvor sahen die Zukunftsperspektiven des Mediums Radio zunächst ungewiss aus: In den 60er-Jahren hatte das Fernsehen in den deutschen Wohnstuben Einzug gehalten. Das damals neue Medium bediente in der Anfangsphase vor allem das Bedürfnis nach Unterhaltung und bebilderter Information, das Radio bekam die Auswirkungen der neuen Konkurrenzsituation zu spüren: Die Hauptaufmerksamkeit des Rezipienten verlagerte sich vom Radioempfänger zusehends zum Fernsehapparat. Bemerkbar machte sich dies vor allem – und dies bis heute – in den Abendstunden. Der ‚Fernsehschatten' stellte sich ein. Das Phänomen beschreibt die Tatsache, dass die Radionutzung in den Abendstunden hinter der Fernsehnutzung zurückbleibt.[2]

In den folgenden Jahrzehnten kamen mit der Schallplatte, der Kassette, der CD und der MiniDisc verschiedene Tonträger auf den Markt, die zumindest den

---

[1] Denisoff, R.S. (1988): Inside MTV. New Brunswick. Zit. in Schmidt (1999): 105
[2] vgl. Lenherr (2003): 19

Genuss von Musik vom Medium Radio entkoppelten. Sie veränderten nicht nur die soziale Rezeptionssituation von Musikwerken, indem sie unabhängig von Ort und Zeit erfahrbar wurden.[3] Sie machten auch ein Einschalten des Radiogerätes obsolet, wenn man nur seine Lieblingsstücke hören wollte.

All diese unterschiedlichen, strukturellen Veränderungen der Rahmenbedingungen haben dennoch Gemeinsamkeiten in Bezug auf ihre Auswirkungen auf das Radio: Weder das Musikfernsehen im Speziellen noch das Fernsehen im Allgemeinen noch die unterschiedlichen Tonträger haben das Medium Radio bis dato seiner Existenz berauben können. Heute senden bundesweit rund 250 verschiedene Stationen terrestrisch verbreitete Programme[4], sie erreichen mehr als 93,5 Prozent aller Bundesbürger und EU-Ausländer in Deutschland.[5] Einige Funkhäuser haben trotz des parallel existierenden Musikfernsehens durchaus Radio-Persönlichkeiten, echte ‚Radio Stars' also, hervorgebracht.

Nun soll es in dieser Arbeit jedoch nicht um die ‚Radio Stars' im Sinne leibhaftiger Persönlichkeiten gehen. Sie sind vielmehr als Metapher zu verstehen, die die Epoche des erfolgreichen Massenradios symbolisiert, in der die Programmproduzenten darauf abzielen, mit ihren Angeboten möglichst große Zielgruppen zu erreichen, während individuelle Präferenzen der Hörer diesem Ziel bei der Programmierung untergeordnet werden.

In beiden Deutungsvarianten war die zu Beginn des MTV-Zeitalters geäußerte These „Video killed the radio star" nicht zutreffend: Das Radio widerstand der Konkurrenz durch Fernsehen und jegliche Form von Tonträgern bis dato weitestgehend, nicht zuletzt weil seine Programmstruktur an die veränderten Gegebenheiten und das veränderte Nutzungsverhalten angepasst wurde. Koch und Glaser äußern die Einschätzung: „Gerade in seiner Wandlungsfähigkeit liegt wohl das Geheimnis seines Überlebens und die prägende Kraft, die das Radio bis heute und für viele Menschen immer noch und immer wieder besitzt."[6] Die Parameter und zentralen Aspekte hinter dieser Wandlung und Anpassung werden in Kapitel 3 dieser Arbeit detaillierter erläutert.

Trotz seiner bewegten Geschichte erfreut sich der Hörfunk derzeit nach wie vor einer großen Beliebtheit: Die durchschnittliche Verweildauer liegt in Deutschland

---

[3] vgl. Friederici/Schulz/Stromeyer (2006): 122
[4] vgl. Stadik (2007): 189
[5] Montags-freitags, Deutsche und EU-Ausländer ab zehn Jahren. Angaben zum WHK (Weitester Hörerkreis) laut AS&S (2009)
[6] Koch/Glaser (2005): 2

im Sommer 2009 bei 239 Minuten pro Tag[7], der durchschnittliche deutsche Radiohörer (ab 14 Jahren, auch EU-Ausländer in Deutschland) lässt sein Radio damit rund vier Stunden täglich eingeschaltet.

Aufgrund technischer Alleinstellungsmerkmale erwies sich das Radio in bestimmten Alltagssituationen als resistent gegen seine Wettbewerber um die Gunst des Rezipienten: Angesichts seiner Produktionsweise gilt es noch heute als das aktuellste Medium in Bezug auf seine Inhalte. UKW-Sender liefern eine hohe Klangqualität. Die Empfangsgeräte sind einfach zu bedienen. Und vor allem: Ihre Nutzung erlaubt problemlose Mobilität – im Auto, zu Hause, am Arbeitsplatz. Im Vergleich zu anderen Medien besitzt der Hörfunk damit Eigenschaften, die ihn nicht einfach substituierbar machen.

Im globalen Kontext sollte noch eine Eigenschaft nicht unerwähnt bleiben, die der Autor Jürg Häusermann in Kamerun bemerkte: „Hier ging es nicht darum, ein Unterhaltungsprodukt auf den Markt zu werfen, sondern Kommunikationsformen zu finden, die es ermöglichten, einen Bildungsauftrag optimal zu erfüllen. Radio war da in Ansätzen ein Medium des Dialogs."[8] Zuvor beschreibt Häusermann, wie das Radio dort via Mittel- oder Langwelle große Distanzen überwindet und aufgrund des hohen Mobilitätsgrades bei Produktion und Rezeption beispielsweise Bauern bei der Lösung technischer Probleme zur Seite steht. Bei Betrachtung des Programmspektrums im deutschen Radiomarkt muss zwar konstatiert werden, dass derartige Bildungsinhalte hierzulande nicht im Vordergrund stehen. Nichts desto trotz bietet das Medium auch hier ein erhebliches Potenzial.

1.2. Neuartige Konkurrenz: Internetradio und seine Potenziale

Die Digitalisierung, also die fortschreitende Umstellung von analogen, physikalischen Speichermedien auf eine Speicherung von Signalen im Binärcode, und der Ausbau der Breitbandnetze ebnete einer ganzen Reihe neuer Produktentwicklungen den Weg, die mit dem Radio in medialer Konkurrenz stehen. Ihnen gemein ist die technische Basis stark komprimierter Daten: Auf dem Dateiformat MP3 basierende Audiodateien sind klein und liefern doch eine hohe Klangqualität.[9]

Die MP3-Technologie ermöglichte zunächst das Herunterladen und die Bereit-

---

[7] AS&S (2009): 14
[8] Häusermann (1998): 8
[9] vgl. Fraunhofer-Institut für Integrierte Schaltungen (2009)

stellung von Musikdateien im Internet. In der Folge kamen zunächst Softwareprogramme für den PC, später auch mobile Abspielgeräte auf den Markt. MP3-Funktionalität boten hierbei anfangs einige DVD-Spieler, es folgten Stereoanlagen, Autoradios und Mobiltelefone. Bereits im Jahr 2005 hatte rund jeder vierte Deutsche mindestens einen portablen MP3-Spieler in seinem Haushalt zur Verfügung, besagt die Langzeitstudie Massenkommunikation.[10]

Nun kam bzw. kommt auf Basis der MP3-Technologie im Rahmen der Digitalisierung und des weiteren Ausbaus der Datenautobahnen eine ganze Reihe neuer Hörfunkangebote neben dem terrestrischen (d.h. via Antenne empfangbaren) Radio auf den Markt: Hardware-Internetradios, personalisierte Online-Musikabspielstationen oder mobile WLAN-Radios für Auto, Arbeitsplatz und Haushalt, die tausende von Internetsendern[11] überall verfügbar machen.

Bereits seit einigen Jahren existiert des Weiteren ein digitaler Verbreitungsweg, der nicht auf das Internet zurückgreift: Bei Digital Audio Broadcasting (DAB) erfolgt lediglich die Signalübertragung digital. Erwähnt sei an dieser Stelle auch in diesem Zusammenhang das Digital Satellite Radio (DSR), dessen Betrieb die Deutsche Telekom 1999 einstellte um die dafür verwandten Satellitenkapazitäten für die analoge Fernsehübertragung nutzen zu können. Wie bei DAB erfolgte auch bei DSR nur die Übertragung der Signale digital, eine größere Programmauswahl war mit dem System nicht beabsichtigt, wenngleich einige Anbieter einzelne Stationen ins Leben riefen, die zunächst nur über diesen Weg empfangbar waren (z.B. MDR-Klassik, Rock-Antenne etc.).[12] In einer Studie des Medienberaters Jürgen Bischoff zu den Perspektiven digitaler Hörfunkübertragung via DSR und DAB heißt es: „Mit der Digitalisierung des Hörfunks werden vor allem folgende Ziele verfolgt: Technische Qualitätsverbesserung, geringere Störanfälligkeit des Empfangs, bessere Ausnutzung der Übertragungskapazitäten (Frequenzökonomie), kostengünstiger Sendernetzbetrieb, mobiler Empfang, Übertragung von Multimedia- und Datendiensten."[13]

Beide Systeme bieten im Vergleich zum klassischen UKW-Empfang, abgesehen von der Klangqualität, nur geringen Mehrwert (geringe Senderauswahl, geringe

---

[10] vgl. van Eimeren (2005): 492
[11] vgl. Radio.de (2009)
[12] vgl. Vowe / Will (2004): 17
[13] vgl. Bischoff (2001): 4

Auswahl an verhältnismäßig teuren Endgeräten). Experten betrachten die DAB-Technologie mittlerweile als gescheitert, darunter auch der Chef des hessischen Privatsenders ‚Hitradio FFH‘:[14] „Angesichts der Dynamik im Netz sieht FFH-Geschäftsführer Hans-Dieter Hillmoth die Diskussion um digitales Radio via DAB/DMB [Digital Mobile Broadcasting, ein Übertragungsstandard für Radio und Fernsehen via Mobilfunk, Anm. d. Verf.] zunehmend als Nebenschauplatz. Inzwischen ist das Internet für den Radiomanager längst tonangebend - auch weil es bereits über einen weltweiten Standard verfügt und auf Millionen von Endgeräten nutzbar ist."[15] Der Privatfunkverband VPRT, dessen Vorsitzender Hillmoth auch ist, hat sich aus der Initiative zur Förderung von DAB in Deutschland zurückgezogen.[16] Die digitalen Verbreitungswege DAB und DSR stehen somit nicht im Zentrum der Betrachtung bei dieser Arbeit.

Gleiches gilt für die Hörfunknutzung via DVB (Digital Video Broadcasting), was auch die Übertragung von Radioprogrammen beinhalten kann. Die Differenzierung im Rahmen dieser Arbeit soll anhand der Endgeräte erfolgen, wobei DVB-Empfänger zumeist in Fernsehgeräte oder Computer integriert sind und deren Nutzung als Endgeräte für Internetradio noch zur Sprache kommen wird. Die Integration von DVB in Mobiltelefone wurde aufgrund des hohen Energieverbrauchs der Empfangseinheit nur in sehr wenigen Handys realisiert, sodass diese Option vernachlässigt werden kann.

Während das Abspielen von beim Endnutzer lokal gespeicherten, digitalen Daten hier ebenfalls nicht im Fokus stehen soll, wird das Hauptaugenmerk auf der Ausstrahlung von Radioprogrammen über den Verbreitungsweg Internet, primär per Live Streaming liegen.
Zwar dürfte es dem Hörer weitestgehend gleichgültig sein, auf welchem Wege das Programm zu ihm kommt. Doch bringen die digitalen Verbreitungswege einige Neuerungen mit sich, die das digitale Radio via Internet zu einer neuartigen Konkurrenz des heute erfolgreichen, konventionellen Massenradios werden lassen: Sie blenden zunächst die in den Medien oft kritisierten Nachteile des Massenradios (Werbung, geringe programmliche Vielfalt, Linearität bzw. Flüchtig-

---

[14] vgl. Vowe / Will (2004): 21
[15] Langheinrich (2009): 202
[16] vgl. Bischoff (2001): 8

keit der vermittelten Informationen, inhaltliche Gleichförmigkeit, am Mehrheitsgeschmack ausgerichtete Musikauswahl etc.)[17] für den einzelnen Hörer aus, bieten dabei jedoch nach wie vor die oben erwähnten, klassischen Vorzüge des Mediums – und erweitern diese um ein breites Spektrum an neuen Angeboten. Sie ermöglichen ein verändertes Radionutzungsverhalten, indem sie dem Hörer den Zugang zu einer immens großen Zahl von Diensten bzw. Stationen eröffnen, die, wie vom konventionellen Hörfunk gewohnt, nahezu überall und ebenso intuitiv und problemlos genutzt werden können. Zudem erlauben sie die Mitgestaltung eines virtuellen, multimedialen Raumes (z.B. einer Internet-Community) rund um das eigentliche Radioangebot.

Anders als die übrige Konkurrenz, die bisher vor allem vom Fernsehen ausging, stellt das Internetradio damit im technisch ausgereiften Stadium eine neuartige Größe dar. Es bietet mehr individuelle Auswahlmöglichkeiten, da kein Frequenzband (das von UKW bekannte Spektrum zwischen 87,50 und 108,00 MHz) die Zahl der empfangbaren Programme limitiert. Es bietet mehr programmliche Vielfalt, da sich die Rentabilität (so sie denn intendiert wird) auch bei sehr zielgruppenspezifischer Programmausrichtung überregional realisieren lässt, was die Entstehung und den Betrieb von Spartensendern auf nationaler oder internationaler (z.B. sprachraumgebundener) Ebene begünstigen könnte. Vom PC entkoppelte Empfangsgeräte bieten einen mit dem UKW-Radio mindestens vergleichbaren Bedienkomfort, da sie mit nur einem Tastendruck bedient werden können.[18] Auch der räumlichen Verfügbarkeit sind – lässt man die Kosten für die Datenübertragung zunächst einmal unberücksichtigt - aufgrund der Nutzung über drahtlose UMTS-Breitbandnetze nur die Grenzen der Mobilfunknetzabdeckung (so genannte Funklöcher, unerschlossene Gebiete) gesetzt. Diese Geräte bedienen mittlerweile keine Nischenkundschaft mehr, sondern sie sind bereits im Sortiment großer Lebensmittel- oder Elektronikdiscounter zu finden und damit „kurz davor, in größeren Stückzahlen in die Haushalte einzuziehen."[19]

---

[17] vgl. Stock (2005)
[18] vgl. z.B. BLAUPUNKT (2009)
[19] Windgasse (2009): 129

1.3. Szenarien und Konsequenzen einer künftigen Hörfunknutzung

Der heute kommerziell geprägte Massenhörfunk hat sich mit dem Aufkommen des Fernsehens vom klassischen Einschaltmedium zum Begleitmedium gewandelt. „Die meisten Radioprogramme sind mit ihren formatierten Musikprogrammen auf Nebenbeinutzung und Massenkompatibilität hin angelegt."[20] Die Programmstrukturen sind mehrheitlich Mittel zum Zweck um eine möglichst große Zielgruppe zu erreichen, die sich – vor allem bei privaten Veranstaltern - in einer konsumfreudigen Lebensphase befinden soll. Dabei kommt es also weniger darauf an, bei einigen wenigen Hörern absolute Begeisterung hervorzurufen als vielmehr darauf, möglichst vielen Hörern keine Abschaltimpulse zu liefern um so eine möglichst hohe Verweildauer zu erreichen: „Die meisten Sender nehmen folglich mit ihrer Entscheidung, Musikprogramme auf kleinstem gemeinsamen Komplexitätsniveau zu entwerfen, eher in Kauf, Hörer zu langweilen, als sie zu überfordern. [...] Letztlich nehmen die meisten Radiosender [...] an, dass ein geringes Maß an Langeweile (durch zu viele bekannte Titel) weniger zum Umschalten auf einen anderen Sender verleitet als ein geringes Maß an Überforderung (durch zu viele unbekannte Titel)."[21] Diese Rechnung ging in Zeiten eines begrenzten deutschen Radiomarktes auch auf, wie die Eckdaten zur aktuellen Radionutzung (Tagesreichweite und Verweildauer)[22] belegen.

Mit der Digitalisierung und hier insbesondere der im Mittelpunkt dieser Arbeit stehenden Verbreitung von Internetradio via Live Streaming über mobile Endgeräte könnte sich die Hörfunknutzung jedoch grundlegend ändern: Wenn der Hörer sein Internetradio einschaltet, hat er nicht mehr nur die über Antenne verfügbaren Stationen zur Auswahl, die mit ihrer Programmstruktur auf den möglichst größten gemeinsamen Nenner abzielen. Ihm steht nun auch eine immens große Zahl an Spartenkanälen, so genannten Special Interest-Programmen und Regionalsendern aus der ganzen Welt zur Verfügung – ohne dass vom Hörer eine grundsätzliche Veränderung der Rezeptionssituation verlangt würde, ohne dass ihm hohe Kosten wie bei DAB entstünden und ohne dass er, wie beim gegenwärtigen Massenradio, größere musikalische oder inhaltliche Kompromisse eingehen müsste.

---

[20] Schramm (2008a): 39
[21] Schramm (2008b): 150
[22] vgl. AS&S (2009)

Denkbar wäre angesichts einer enorm erweiterten Programmpalette demzufolge eine Individualisierung der Hörfunknutzung, wobei der Nutzer eine spezifischere Bedürfnisbefriedigung anstrebt als sie ihm beim konventionellen Massenradio bekannter Prägung bislang möglich war. In der Konsequenz würden die Einschaltquoten der bislang auf dem deutschen Markt dominanten Anstalten und Senderketten Anteile zugunsten vieler zuvor nicht empfangbarer Internetradiokanäle einbüßen.[23] In Anbetracht einer ohnehin angespannten wirtschaftlichen Lage der Medienbranche[24] würden bereits geringe Quotenrückgänge bei einigen Sendern zu existenziellen Problemen führen.

Insofern könnte die massenhafte Etablierung von Internetradio im Nutzungsverhalten der Deutschen nicht nur wirtschaftliche Konsequenzen für die kommerziell ausgerichteten Programme haben, sondern in weiterer, indirekter Folge auch eine programmliche Umgestaltung des Radioangebotes - privat wie öffentlich-rechtlich - nach sich ziehen.

Vorstellbar scheint jedoch ebenso eine weitere Zunahme der gesamten Radio-Verweildauer, resultierend aus einer Addition von individualisierter Nutzung und weiterhin konventioneller Massenradionutzung.

Grundsätzlich möglich wäre auch die Entstehung neuer Rezeptionssituationen aufgrund veränderter Programmstrukturen. So wäre es theoretisch denkbar, dass sich die Hörer wieder gezielt vor ihrem – wie auch immer gearteten - Radioempfänger einfinden, um ein auf sie persönlich optimal abgestimmtes, zielgerichtetes Programm zu genießen. Da die Hörfunknutzer jedoch bereits an die Ubiquität von Radio generell gewohnt sind, bedürfte es dafür wohl einer zumindest partiellen Rückverwandlung vom Begleitmedium zum Einschaltmedium, das die ungeteilte Aufmerksamkeit des Hörers verlangt.

Wenngleich die Eintrittswahrscheinlichkeit der geschilderten Szenarien bis dato wissenschaftlich nicht zielsicher prognostizierbar ist, sollen sie doch deutlich machen, welch weitreichende Konsequenzen eine veränderte künftige Hörfunknutzung nach sich ziehen könnte.

Nach dem Aufkommen des Fernsehens könnte auch das Aufkommen der Internet-Technologie in Verbindung mit der Hörfunknutzung wirtschaftliche Folgen für den Radiomarkt und soziale Auswirkungen auf den Alltag vieler Menschen haben.

---

[23] vgl. Goldhammer & Zerdick (1999): 275
[24] vgl. Langheinrich (2009): 187

Vorstellbar wäre beispielsweise eine veränderte Aufgabenteilung unter den aktuellen Medien und eine andere Form der Freizeitgestaltung oder des Musikgenusses.

1.4. Begründung der thematischen Relevanz

Dem Hörfunk darf als Medium mit Generationen überschreitender Tradition ein signifikanter Beitrag zur öffentlichen Meinungsbildung in Deutschland zugeschrieben werden. In ihrer ‚Kulturgeschichte des Radios' beschreiben Hans Jürgen Koch und Hermann Glaser, „wie [der Rundfunk] in der Zeit der Republik von Weimar zu glanzvollem, auch umstrittenem Ansehen gelangte, im Dritten Reich zum ideologischen Sprachrohr wurde und nach 1945 sich als Garant demokratischen Geistes, im Osten jedoch als Teil des totalitären Regimes erwies."[25] Es sei zu erkennen, dass „die kulturellen Strömungen und Tendenzen das Radio prägten und sich in den Programmen spiegelten" und dass „das Radio ein maßgebender Faktor für die kulturgeschichtliche Entwicklung wurde."[26]

Diese Einflüsse und Wirkungen des Hörfunks beruhen auf der Tatsache, dass dem Radio eine bestimmte Öffentlichkeit zu Teil wurde und noch heute wird. Die Herstellung von öffentlicher Kommunikation durch ein Massenmedium bedarf jedoch einer gewissen Reichweite, anderenfalls würde der Diskurs in der Bedeutungslosigkeit untergehen. Bischoff prognostiziert aus Sicht des Jahres 2001, also zu einem Zeitpunkt, als die Mobilfunktechnologie UMTS noch nicht etabliert war: „Das extrem aufgefächerte Angebot von zahlreichen Spezialkanälen weltweit führt zu einer Individualisierung der Nutzung mit der Folge, dass die Relevanz von Webradio für die öffentliche Meinungsbildung gegen Null tendiert."[27] Spannend ist nun, wie sich die Sachlage verhält, wenn die aus damaliger Perspektive existenten Hürden auf dem Weg zur massenhaften Nutzung (keine mobile Nutzung mangels Endgeräten und Daten-Flatrates) verschwunden sind und ob diese Individualisierung überhaupt in großem Stil eintreten wird.
Sollten die im Vorhergehenden angesprochenen neuen Technologien bei den Rezipienten Anklang finden und sich der Markt im Rahmen einer Individualisierung

---
[25] Koch/Glaser (2005): 2
[26] Koch/Glaser (2005): 2
[27] Bischoff (2001): 46

der Hörfunknutzung zunehmend fragmentieren, so ginge diese breite Öffentlichkeit des Mediums Radio sukzessive verloren oder würde wenigstens in kleinerer Dimension auf verschiedenen Stationen oder Plattformen stattfinden.

Relevanz darf der Thematik auch deshalb beigemessen werden, weil eine Individualisierung der Hörfunknutzung große Teile der gegenwärtigen Radioindustrie (wie die konventionellen Rundfunkanbieter und die Radiowerbung) nicht nur in Deutschland vor neue Herausforderungen stellen würde: Eine Abkehr von den derzeit dominanten Massenprogrammen dürfte sie mangels Werbefinanzierung in Existenznöte bringen, sofern sie keine kommerziellen Eigenkonzepte entwickeln.

Nicht zuletzt ist das Radio für die Hörer ein relevantes Medium: Bereits angesprochen wurde die hohe tägliche Verweildauer. Ein weiterer Gradmesser ist die Langzeitstudie Massenkommunikation, die den Hörfunk als zweitwichtigstes Medium aus Rezipientenperspektive ausweist. „Mit der so genannten ‚Inselfrage', für welches Medium man sich entscheiden würde, wenn man nur noch eines behalten könnte, werden die Befragten gezwungen, die Medien nach ihrer persönlichen Wichtigkeit gegeneinander abzuwägen und in eine Rangreihe zu stellen. Bei den Antworten auf diese Frage, die als Indikator für den alltäglichen Gebrauchswert des jeweiligen Mediums für den Einzelnen einschließlich des eigenen Umgangs damit angesehen wird, steht in allen Wellen das Fernsehen an der Spitze. Es ist bis heute das Medium, das die meisten Menschen auf die sprichwörtliche einsame Insel mitnehmen würden."[28] Auf Platz zwei erscheint bereits der Hörfunk (s. Abb. 1).

Bemerkenswert hierbei ist, dass die Beliebtheit des Fernsehens als Antwort auf diese Frage seit 1970 rückläufig ist, wohingegen Radio und Internet zulegen. Mit der Konvergenz ebendieser beiden Medienbereiche befasst sich die vorliegende Arbeit, die ergründen will, welche Perspektiven sich aus den neuen Nutzungsoptionen für den konventionellen Hörfunk ergeben.

---

[28] van Eimeren (2005): 493

Abb. 1: Bindung an die Medien: Vermissen und Entscheidung in einer simulierten Grenzsituation 1970 bis 2005 (BRD gesamt, bis 1990 nur alte Bundesländer, Personen ab 14 Jahren in Prozent).

	1970	1974	1980	1985	1990	1995	2000	2005
Es würden sehr stark/stark vermissen ...								
Fernsehen	60	53	47	42	51	54	44	45
Hörfunk	42	47	52	54	57	55	58	62
Tageszeitung	47	53	60	57	63	58	52	56
Internet	-	-	-	-	-	-	8	40
Es würden sich entscheiden für ...								
Fernsehen	62	57	51	47	52	55	45	44
Hörfunk	21	25	29	31	26	27	32	26
Tageszeitung	15	17	18	20	20	17	16	12
Internet	-	-	-	-	-	-	6	16

Quelle: van Eimeren (2005): 493

1.5. Fragestellung: Hat der konventionelle Hörfunk noch eine Perspektive?

Wie eingangs geschildert, wurden dem Medium Radio in der Vergangenheit mehrfach die Zukunftsperspektiven abgesprochen. Doch bislang widerstand der Hörfunk der Konkurrenz durch Fernsehen und jegliche Form von Tonträgern weitestgehend, wenn auch teilweise unter Adaption.[29]

Die Digitalisierung und der Ausbau der Datennetze befördert nun eine ganze Palette an technischen Wettbewerbern: Webradios, personalisierte Online-Plattformen zum Abspielen von Musik oder portable WLAN-Radioempfänger für den PKW, das Büro und die Wohnung, die tausende von Internetprogrammen überall nutzbar machen. Mit fortschreitender Digitalisierung und der Etablierung von Internetradio stehen den Rezipienten neue Optionen der Hörfunknutzung offen.

Kernfrage dieser Arbeit ist, inwieweit sich die Hörgewohnheiten deutscher Radiohörer vor dem Hintergrund dieser technischen Innovationen hauptsächlich im Zusammenspiel von Digitalisierung und Internetangeboten ändern. Konkret liegt

---

[29] vgl. Lenherr (2003): 19 f.

das Augenmerk dabei auf der Konvergenz von Audiomedien mit stationären oder mobilen digitalen Endgeräten via Internet.

Ziel ist es, den aktuellen wissenschaftlichen Stand der Forschung zum Mediennutzungsverhalten, hierbei insbesondere der Hörfunknutzung, kritisch zu präsentieren und durch eine Betrachtung der Potenziale der neuen digitalen Verbreitungswege und Endgeräte eine Analyse darüber zu liefern, welche Perspektiven sich künftig für den deutschen Radiomarkt ergeben. Es wird überprüft, inwieweit Individualisierungstendenzen bei der Radionutzung (Aufspaltung des Hörfunkkonsums auf eine größere Anzahl von Stationen) zu erwarten sind und ob die Komplexität der neuen digitalen Radiowelt für den Nutzer handhabbar sein wird. Somit soll eine Einschätzung darüber angeboten werden, welche Effekte die digitale Hörfunknutzung auf das Hörverhalten der Radio-Rezipienten in Deutschland haben wird.

Wird das Radio in Deutschland in seiner momentanen Grundstruktur Bestand haben? Oder steht dem kommerziell geprägten Massenradio-Markt eine Revolution bevor, in der Millionen von Hörern die konventionellen Sender vernachlässigen und sich neuen, digitalen Radioangeboten zuwenden? Wie werden die Hörer auf die neue Ubiquität des Internetradios und dessen enorme Programmvielfalt reagieren? Diese Magisterarbeit wird diese Fragen beantworten und die Ursachen ergründen.

Dabei gilt, dass die hier untersuchten neuen, digitalen Verbreitungswege nur einen Faktor in einem ganzen Bouquet an Einflüssen darstellen, die auf die Hörfunknutzung einwirken. So liegt beispielsweise die Betrachtung von veränderten Familienstrukturen, Lebensstilen sowie Modellen der Freizeitgestaltung und deren Auswirkungen auf die Hörfunknutzung nicht im Fokus dieser Arbeit. Unter Berücksichtigung dessen, dass diese Arbeit im Fazit Handlungsempfehlungen für Radiomacher geben will, kommt hinzu, dass diese Faktoren von den Radiomachern weniger beeinflussbar sind. Außerdem erscheint mir die Einschränkung auf den Faktor ‚digitale Verbreitungswege' unumgänglich, da anderenfalls auch der theoretische Erklärungsrahmen deutlich ausgeweitet werden müsste.

1.6. Vorgehensweise / Aufbau dieser Arbeit

Das Erkenntnisinteresse leitend ist die Frage, ob und wieweit zu erwarten ist, dass sich die bisherigen Rezipienten mit ihrem über viele Jahre gefestigten Hörverhalten der relativen Neuheit Internetradio in naher Zukunft massenhaft öffnen und auf ihre neuen technischen Nutzungsoptionen zurückgreifen werden.

Um hier zu einem Ergebnis zu kommen und eine Einschätzung über die künftige Entwicklung abgeben zu können, werde ich den wissenschaftlichen Stand der existierenden Literatur zu relevanten Aspekten dieses Themas auswerten und diesen mit Daten der Markt- und Medienforschung zum Hörfunk korrelieren.

So stelle ich im Rahmen einer Sekundäranalyse die wissenschaftlichen Erkenntnisse aus der Hörerforschung zur gegenwärtigen Nutzung des Mediums Radio auf der einen Seite den Potenzialen und Eigenschaften der betrachteten neuen Medien und deren Diensten auf der anderen Seite gegenüber. Die daraus abgeleiteten Schlussfolgerungen untersuche ich anschließend daraufhin, ob die erwartete Entwicklung als ein Individualisierungsphänomen betrachtet werden kann oder nicht. Des Weiteren eruiere ich unter Berücksichtigung der Komplexitätsreduktion, ob die Hörer die vorausgesetzte Entscheidungskompetenz bei der künftigen Radionutzung mitbringen oder ob sie ihr Radio - um Komplexität zu reduzieren - auch künftig auf ihre altbekannten Sender justieren werden. Eine exakte Klärung des Begriffes der Komplexität im Sinne dieser Arbeit lehnt sich an die Definition Niklas Luhmanns an und wird in Kapitel 5.2. geliefert.

Die Struktur der vorliegenden Arbeit, die sich damit dem Bereich der Technikfolgenabschätzung zuordnen lässt, gliedert sich wie folgt:

Kapitel zwei widmet sich zunächst der Begriffsklärung und der Definition zentraler Aspekte des Hörfunks. Geschildert wird die programmliche Entwicklung in der Bundesrepublik angesichts des Aufkommens der Fernsehkonkurrenz bis hin zum gegenwärtigen Erscheinungsbild des Mediums. Es folgen Ausführungen über die Hintergründe und Parameter dieses Prozesses und seine Konsequenzen, die sich in einem bundesweit recht homogenen Programmangebot niederschlagen. Anschließend werden wichtige Erkenntnisse der Hörerforschung zusammengefasst, da sie als Grundlage für das Verständnis der Relevanz dieser Arbeit zu betrachten sind. Außerdem ist gerade bei der Beschäftigung mit neuartiger Konkurrenz des Hörfunks von Belang, aus welchen Motivationen heraus in

Deutschland Radio gehört wird. So werden unter Berufung auf eine empirische Studie auch die Vorstellungen der Hörer von ‚ihrem' Idealradio geschildert.

Kapitel drei beschreibt die Reaktionen von Hörfunk und Hörern auf unterschiedliche mediale Konkurrenz in Vergangenheit und Gegenwart. Hier werden ferner die aktuellen Erscheinungsformen von Internetradio und Onlinediensten beschrieben, gegeneinander abgegrenzt und ihr Potential abgeschätzt. Aufgezeigt werden die technische Infrastruktur und die wesentlichen strukturellen Unterschiede zum konventionellen Radio unter Betrachtung des Marktes und der jeweiligen Nutzungsweise.

In Kapitel vier befasst sich diese Arbeit mit den Ergebnissen der wichtigsten empirischen Studien in Bezug auf die betrachteten neuen Technologien und den aktuell beobachtbaren Auswirkungen auf die Hörfunknutzung.

Kapitel fünf konfrontiert Hypothese 1 und Hypothese 2. Zunächst wird die Hypothese 1, das konventionelle Massenradio sei existenziell bedroht, mit Argumenten und Erkenntnissen der Individualisierungstheorie hinterlegt. Es folgt eine Klärung der Hintergründe und Eigenschaften von Individualisierungstendenzen. Anschließend folgt die Argumentation der Komplexitätsreduktion, mit der die Hypothese 2 verteidigt wird, wonach das konventionelle Massenradio trotz des Aufkommens von Internetradio und Onlinediensten fortbestehen wird.

Das letzte Textkapitel zieht schließlich ein Fazit, beschreibt die sich vollziehenden Reaktionen auf den technischen Wandel im Hörfunk und beantwortet die Forschungsfrage. Schließlich wird die Arbeit einen Ausblick geben auf die Zukunft des Mediums. Wie eingangs erwähnt, brachten in der Vergangenheit weder das Fernsehen noch verschiedene Tonträger das Radio um die Existenz, obgleich diese Innovationen mithin erheblichen Einfluss auf die Radionutzung ausübten. Um die Einflüsse der Digitalisierung auf die Hörfunknutzung wissend, wird die Arbeit zum Abschluss Auswege aus dem entstandenen Dilemma für die konventionellen Programmmacher aufzeigen.

1.7. Zu Grunde liegendes empirisches Material

Nicht zuletzt aufgrund des kommerziellen Interesses der Werbung treibenden Industrie ist die Hörfunknutzung ein wissenschaftlich gut erforschtes Gebiet. Da die Einschaltquoten die erzielbaren Erlöse aus der Werbezeitenvermarktung determinieren, gelten die im Rahmen der so genannten Media-Analyse erhobenen

Nutzungsdaten als entscheidende ‚Währung' im Radiogeschäft. „Die Media-Analyse ist die wichtigste und größte Studie zur Bestimmung und Bewertung des Werbeträgerangebots in Deutschland. Sie stellt derzeit die Leitwährung für die Pressemedien und den Hörfunk dar und macht die Werbeträgerleistung auch zwischen den Mediengattungen vergleichbar."[30] Die Daten geben in jährlich zwei Wellen detailliert Auskunft über die Uhrzeit und den oder die jeweils zu diesem Zeitpunkt gehörten Sender. Darüber hinaus erfassen die Interviewer eine Reihe von demographischen Daten.[31] In Anbetracht der öffentlichen Debatte um die Höhe der Rundfunkgebühren orientieren sich dabei längst nicht mehr nur kommerzielle Programmanbieter an den Hörerzahlen der Media-Analyse.[32] „Die Arbeitsgemeinschaft Media-Analyse e.V. (ag.ma) ist ein Zusammenschluss von rund 260 der bedeutendsten Unternehmen der Werbe- und Medienwirtschaft mit dem Ziel der Erforschung der Massenkommunikation. Sie ermittelt regelmäßig das Radionutzungsverhalten in Deutschland. Durch die ermittelten Reichweitendaten erfahren die privaten und öffentlich-rechtlichen Radiosender, wie viele Hörer welche ihrer Programme verfolgen. Für die Werbewirtschaft sind die ma-Daten die Grundlage für ihre Mediaplanungsstrategien und damit letztlich für die Verteilung der Werbegelder. Mit den Daten der Media-Analyse wird im Konsens aller Beteiligten die Werbewährung in Deutschland bereitgestellt."[33]

Die Langzeitstudie Massenkommunikation ergänzt die Angaben zur konkreten Programmnutzung beim Radio um Daten zur generellen Nutzung unterschiedlicher Medien, seit dessen Aufkommen auch die des Internets.[34] Somit lässt sich die Hörfunknutzung in Beziehung zur generellen Internetnutzung setzen.

Spezifische Informationen zu den unterschiedlichen Tätigkeiten im Internet liefert die ARD/ZDF-Onlinestudie. Sie gibt beispielsweise auch Aufschluss darüber, wer in Deutschland wie viel Radio via Live Streaming hört.[35]

Besonders konkret hat die WDR-Webradiostudie 2007/2008 die Erfahrungen und Nutzungsformen erfragt, die die Interviewten der Stichprobe mit WLAN-Internetradios in ihrem eigenen Haushalt gemacht haben. Eine ebenso große Kontrollgruppe gab hierbei Auskunft über ihre Webradio-Nutzung über den

---

[30] Mai (2008): 87
[31] vgl. Arbeitsgemeinschaft Media-Analyse e.V. (ag.ma) (2007a): 6f.
[32] vgl. Brünjes/Wenger (1998): 35f.
[33] vgl. Arbeitsgemeinschaft Media-Analyse eV. (ag.ma) (2009a)
[34] vgl. Reitze (2006)
[35] vgl. van Eimeren (2009): 353

herkömmlichen PC, sodass sich die Effekte einer Verbreitung von WLAN-Radios an den Ergebnissen dieser Erhebung ablesen lassen.[36]

Durch Interpretation und Auswertung der genannten Studien kann sich diese Literaturarbeit mit Hilfe einer Sekundäranalyse die Ergebnisse zu Nutze machen, ohne selbst ins Feld zu gehen. Zöge man dies in Betracht, so wäre vor allem eine Wiederholung oder Erweiterung der letztgenannten WDR-Webradiostudie auf repräsentativem Niveau erstrebenswert, da diese die Fragestellung dieser Arbeit im Kern berührt. Dies erscheint jedoch angesichts eines limitierten Bearbeitungszeitraumes und ebenso begrenzter finanzieller Möglichkeiten im Rahmen einer Magisterarbeit nicht realisierbar. Auch ist zu berücksichtigen, dass die massenhafte Verbreitung der präsentierten Endgeräte zum mobilen Radioempfang via Internet derzeit noch im Gange ist und sich die Konsequenzen dieser Technologie auf die Hörfunknutzung wohl erst in fünf bis zehn Jahren empirisch nachweisen lassen werden.

---

[36] vgl. Windgasse (2009): 136

2. Radio in Deutschland

Um die Relevanz der potenziellen Veränderungen in der Hörfunknutzung einordnen zu können, sei an dieser Stelle noch vor dem Blick auf theoretische Gerüste zur Erklärung der auftretenden Phänomene die grundsätzliche Struktur des Radiomarktes, seiner Produktionsweise und seiner Nutzungsparameter dargelegt.

2.1. Der konventionelle Radio-Begriff

Das Radio gilt als erstes elektronisches Massenmedium und es verbreitet in seiner originären Form per Definition rein akustische Botschaften.[37] Der Oberbegriff des Rundfunks wiederum bezieht auch visuelle Informationen mit ein. So legt der Rundfunkstaatsvertrag von 1991 fest: „Rundfunk ist die für die Allgemeinheit bestimmte Veranstaltung und Verbreitung von Darbietungen aller Art in Wort, in Ton und in Bild unter Benutzung elektrischer Schwingungen ohne Verbindungsleitung oder längs oder mittels eines Leiters."[38] Ferner schließt diese Definition auch die Einschränkung der Allgemeinheit ein, beispielsweise für Pay-TV oder Pay-Radio-Dienste. Der Rundfunkstaatsvertrag wurde zwar mittlerweile überarbeitet, dieser Part jedoch nicht verändert.

Im Wesentlichen beteiligen sich drei Parteien an diesem Kommunikationsprozess des Rundfunks: ein Akteur (hier: Gegenstand der Berichterstattung), ein Rezipient (hier: Hörer) und ein Kommunikator (hier: Sender).[39] Um erfolgreich Öffentlichkeit herzustellen, müssen die Akteure das Interesse des Publikums gewinnen, was die Kommunikatoren durch verschiedene journalistische und programmgestalterische Maßnahmen zu realisieren versuchen, so sie der Thematik oder Botschaft denn Relevanz beimessen oder verleihen müssen (z.B. Werbung).[40]

Seiner ursprünglichen Bedeutung nach sendet der Rundfunk ein Programm an viele Hörer oder Zuschauer gleichzeitig aus, was einen unidirektional gerichteten Prozess beschreibt. Dies wurde vielfach kritisiert. Erinnert sei an dieser Stelle nur exemplarisch an Bertolt Brechts Einwände, wonach der Rundfunk vom Distributions- zum Kommunikationsapparat werden müsse: „Der Rundfunk wäre der

---
[37] vgl. Häusermann (1998): 1
[38] Zit. in Häusermann (1998): 2
[39] vgl. Häusermann (1998): 3
[40] vgl. Gerhards (2002): 133

denkbar großartigste Kommunikationsapparat des öffentlichen Lebens, ein ungeheures Kanalsystem, das heißt, er wäre es, wenn er es verstünde, nicht nur auszusenden, sondern auch zu empfangen, also den Zuhörer nicht nur hören, sondern auch sprechen zu machen und ihn nicht zu isolieren, sondern ihn in Beziehung zu setzen. Der Rundfunk müsste demnach aus dem Lieferantentum herausgehen und den Hörer als Lieferanten organisieren. [...] Der Rundfunk muss den Austausch ermöglichen."[41] Dennoch leistete bis dato auch die Etablierung privatwirtschaftlich veranstalteter Programme der Unidirektionalität des Hörfunks weiter Vorschub, da sie Werbebotschaften mit möglichst geringem Aufwand an ein möglichst großes Publikum zu verbreiten versuchen.

Während die Herstellung von Öffentlichkeit und Diskursivität der Inhalte bei den öffentlich-rechtlichen Sendeanstalten in der Bundesrepublik zum Programmauftrag gehört[42], folgen privatwirtschaftlich organisierte Programmveranstalter in erster Linie der Profitorientierung und finanzieren sich nahezu vollständig aus Werbung.[43] Mit der Konkurrenz durch das Fernsehen, spätestens jedoch mit der Konkurrenz durch private Anbieter im Rahmen der Etablierung des dualen Rundfunksystems wird erkennbar, dass sich die Programmierung von Hörfunkangeboten mehr und mehr am Medienalltag der Menschen orientiert, wobei letzterer natürlich auch reziprok auf die Programmierung zurückwirkt. Die Einschaltquote spielt seither hauptsächlich, wenn auch nicht ausschließlich bei den Privatsendern eine maßgebliche Rolle für die inhaltliche Ausrichtung und Programmgestaltung.

Nicht zuletzt aufgrund dessen betrachte ich in Anlehnung an die institutionelle Nutzungsforschung das Hörfunkpublikum im Rahmen dieser Arbeit nicht als Masse sondern als Markt. Der Begriff findet in der Nutzungsforschung durchgehend Verwendung und trägt der Tatsache Rechnung, dass die innere Struktur der Hörerschaft hauptsächlich aufgrund von sozioökonomischen Daten wie Einkommen oder Konsummuster kategorisiert wird. „Die gesamte Hörerschaft stellt einen ‚Kuchen' dar, von dem sich das einzelne Programm ein möglichst großes Stück abschneidet. Ein Kommunikator, der auf die Zusammensetzung eines Kuchenstücks Einfluss nehmen will, spricht von der ‚Zielgruppe'."[44] Schließlich bietet auch

---
[41] Brecht (1932): 129
[42] vgl. Brünjes (1998): 25
[43] vgl. Albert (2007): 320
[44] Häusermann (1998): 46

der Hörfunk ein Produkt an: Die Aufmerksamkeit seiner Hörer wird zur kommerziellen Nutzung an die werbetreibende Industrie weitervermittelt. Gleichzeitig stehen auch die Sender selbst gegenseitig in einem Konkurrenzverhältnis um die Gunst des Hörers. Dieser Sachverhalt beschreibt die Marktsituation im Sinne dieser Arbeit.

Zur Konventionalität des Hörfunks gehört somit das Streben der Programmanbieter nach Resonanz bei einer möglichst großen und homogenen (Massenprogramme), wenigstens aber bei einer spezialisierten Zielgruppe mit bestimmten Interessen (Spartenprogramme). Funktionell zeichnet sich das konventionelle Radio der Gegenwart aus durch eine unkomplizierte Bedienung seiner Endgeräte, einen hohen Professionalisierungsgrad bei der Produktion und häufig eine programmliche Ausrichtung auf die Nebenbeinutzung. Weitere Charakteristika des konventionellen Hörfunks finden in den folgenden Absätzen Erwähnung.

Im Gegensatz zum konventionellen Radio sehe ich im Rahmen dieser Arbeit Radioprogramme, deren Programmkonzept auf einen neuen Distributionsweg oder eine Nutzung über andere Endgeräte als den klassischen UKW-Empfänger abzielt und die somit auch andere Nutzungsparameter aufweisen. Dies können beispielsweise sehr spezielle Spartenprogramme oder auf konventionellem Wege nicht lizenzfähige Angebote sein.

2.2. Programmentwicklung vom Vollprogramm zum Formatradio

Vor rund 40 Jahren waren Hörfunkprogramme in der Bundesrepublik gekennzeichnet von einer hohen inhaltlichen Binnenpluralität, Brünjes und Wenger (1998) sprechen auch von „Kästchenradios"[45], da diese beispielsweise alle Mitglieder einer Familie ansprachen – dann jedoch immer nur für den begrenzten Zeitraum einer jeweiligen Spezialsendung: „Durchgängige Musikformate existierten nicht, Jugend musiziert, die amerikanische Hitparade, Musik aus der guten alten Zeit und eine Stunde russische Folklore hatten nacheinander Platz in ein und demselben Programm."[46] Brünjes und Wenger liefern damit eine brauchbare Definition des Begriffes Einschaltmedium, der im Kontrast zum Nebenbeimedium steht,

---

[45] Brünjes (1998): 11
[46] Brünjes (1998): 11

essen Nutzung eben nicht exklusiv, sondern zeitgleich mit anderen Tätigkeiten (Essen, Bügeln, Autofahren etc.) erfolgt.

Zurückzuführen ist diese Tatsache auf die damalige Auslegung des Programmauftrages, wonach die Sicherung und Bereitstellung größtmöglicher publizistischer Vielfalt mit den Mitteln Bildung, Information, Beratung und Unterhaltung in jedem einzelnen Programm erfüllt sein sollte (Binnenpluralismus). „Das heißt, das gesamte Programmangebot eines öffentlich-rechtlichen Rundfunksenders muss nach den genannten Kriterien umfassend und ausgewogen sein. [...] Für jeden Hörer ein Sendungshäppchen, aber für keinen sein komplettes Lieblingsmenü."[47] Es war der Versuch, unterschiedliche Zielgruppen zu unterschiedlichen Zeitpunkten zum Einschalten ein und desselben Senders zu bewegen.

Grundlage für die Formulierung eines Programmauftrages für den öffentlich-rechtlichen Rundfunk, festgeschrieben im Grundgesetz, waren die Erfahrungen aus dem Zweiten Weltkrieg, wo die Nationalsozialisten den Hörfunk vor allem mit Hilfe des so genannten Volksempfängers als wirkungsvolles Propagandainstrument einsetzten. Ziel der Siegermächte war es, eine Wiederholung dessen mit allen Mitteln zu verhindern. Da ein kommerzielles System aufgrund der wirtschaftlichen Lage im Nachkriegsdeutschland nicht realisierbar schien, entschieden sich die Alliierten für die Einführung eines öffentlichen Rundfunks nach dem Vorbild der britischen BBC, wenngleich die junge Bundesrepublik die Rundfunkhoheit dezentral den einzelnen Bundesländern zugestand – anders als im zentralistischen britischen System.

Für das Festhalten am Prinzip des so genannten ‚Kästchenradios' sind im Wesentlichen zwei Gründe verantwortlich: Das Fehlen kommerzieller Konkurrenz und die Tatsache, dass das Radio zu dieser Zeit ein Einschaltmedium war.[48] Als zu Beginn der 1970er-Jahre in den meisten deutschen Haushalten ein Fernsehgerät Einzug gehalten hatte, übernahm das Fernsehen die journalistische Vorherrschaft, da es mit Bild und Ton zwei Sinne gleichzeitig anzusprechen vermochte - und der Hörfunk verlor vor allem in den Abendstunden massenhaft Hörer an das Fernsehen. Der bereits eingangs erwähnte so genannte „Fernsehschatten" manifestierte sich: „Spätestens der Gong der Tagesschau markierte den ‚Knockout' fürs Radio. Seine Stunden hingegen schlugen und schlagen immer noch morgens."[49]

---

[47] Brünjes (1998): 13
[48] vgl. Brünjes (1998): 14f.
[49] Brünjes (1998): 14

In Folge dessen reagierten öffentlich-rechtliche Programmacher und brachen die starren Strukturen ihrer ‚Kästchenradios' auf: Magazinsendungen sollten für jeden etwas bieten, gleichzeitig eine leichtere Durchhörbarkeit ermöglichen und so Angebote liefern, die das Fernsehen nicht liefern konnte. Indem sie die populären Programme derart umgestalteten, zogen die Verantwortlichen Konsequenzen aus der Tatsache, dass sich das Radio vom Einschalt- zum Nebenbeimedium entwikkelt hatte. Vor allem die Anfang der 1970er-Jahre eingeführten Pop- und Servicewellen (allen voran Bayern 3, hr3, SWF3, es folgten NDR 2, WDR 2 und SDR 3) ließen die Hördauer von 104 Minuten täglich (1971) auf 137 Minuten täglich (1974) wieder deutlich ansteigen. Sie charakterisierte bereits eine bestimmte Musikfarbe (Pop), häufig wiederkehrende Serviceelemente wie Wetter- oder Verkehrsinformationen und stündliche Nachrichten.[50]

1981 schuf das Bundesverfassungsgericht das rechtliche Fundament für die Einführung privaten Rundfunks in Deutschland und damit das duale Rundfunksystem. Fortan war es privaten Veranstaltern gestattet, innerhalb bestimmter Regularien kommerzielle Programme anzubieten, wie es Verlage und Investoren sich gewünscht hatten. Die Richter setzten bei ihrem Urteil jedoch eine öffentlich-rechtliche Grundversorgung voraus, die es den Privaten gestattet, diese Anforderungen zu vernachlässigen und lediglich Außenpluralität zu schaffen, also Vielfalt auch durch mehrere, unterschiedlich spezialisierte Spartenprogramme entstehen zu lassen. Dabei könne jeder einzelne Sender durchaus einseitige Angebote machen. Eine erweiterte Bandbreite im UKW-Spektrum sowie die aufkommende Satellitentechnik und die Verbreitung von Kabelanschlüssen boten die technischen Voraussetzungen für die Einführung privaten Rundfunks.
Der kommerzielle Erfolg eines Radiosenders hängt fast ausschließlich (von Zuschüssen der Landesmedienanstalten abgesehen) vom generierten Werbeumsatz ab. Die werbetreibende Industrie wiederum berücksichtigt bei der Vergabe ihrer Werbeetats besonders die angesprochenen Zielgruppen der jeweiligen Sender. Nationale Werbekunden zielen demnach mit ihren Botschaften fast ausschließlich auf Personen zwischen 20 und 49 Jahren ab. Diese werberelevante Zielgruppe der Radiohörer zeichnet sich, so hofft die Werbung, einerseits durch

---

[50] vgl. Brünjes (1998): 14f.

einen gewissen materiellen Wohlstand aus, andererseits jedoch auch dadurch, dass sie bei der Kaufentscheidung noch offen ist für neue Produkte, also noch nicht so konservativ eingestellt ist wie ältere Menschen.[51] Folglich versucht man durch die Programmierung eines Senders eine bestimmte Zielgruppe möglichst lange an einen bestimmten Sender zu binden, indem man dem Sender ein bestimmtes Format verleiht. Um zu der Metapher des Kuchenstücks zurückzukehren: „Erst wenn zu viele Sender ein Stück vom ‚Kuchen' der am meisten umworbenen Zielgruppe wollen, wenn die ‚Kuchenstücke' also klein und unrentabel sind, dann werden einzelne Sender auf bisher nicht oder zu wenig bediente Hörminderheiten ausweichen."[52]

Da auch öffentlich-rechtliche Anbieter ihren Teil des ‚Kuchens' beanspruchen, um einerseits Werbeeinnahmen zu erzielen und andererseits nicht dem Vorwurf ausgesetzt zu sein, Programme nur für eine Minderheit der Gebührenzahler zu machen, haben die ARD-Anstalten (angefangen mit der Einführung der Pop- und Servicewellen) ihre Programme inhaltlich homogener gestaltet und schärfer gegeneinander abgegrenzt. Fortan war die so genannte Durchhörbarkeit das entscheidende Kriterium bei der Gestaltung von streng auf Zielgruppen und Hörertypen zugeschnittenen Programmen. Diese inhaltliche, in erster Linie jedoch musikalische Standardisierung eines Hörfunkprogramms wird als Formatierung bezeichnet.

2.3. Programmgestaltung und Zielgruppenausrichtung im Formatradio

Da die Privatsender primär die Wünsche der Werbung treibenden Industrie und erst sekundär die ihrer Hörer zu befriedigen suchen, richtet sich auch die Programmgestaltung danach aus, mit welchen Inhalten, vor allem aber mit welcher Musik sich die anvisierte Zielgruppe am besten ansprechen lässt.

Dabei legen die großen Radiovermarkter RMS (Radio Marketing Services) und AS&S (ARD Sales & Services) Wert auf ein einheitliches Programmumfeld für die zu platzierenden Werbespots. Auf dieser Zielsetzung beruht das Konzept der Formatierung.

Schramm und Hofer (2008c) untergliedern das Programmangebot in Deutschland in drei Formen von Programmformaten: Informationsformate (z.B. Nachrichten-

---

[51] vgl. Brünjes (1998): 23
[52] Brünjes (1998): 23

programme), Full Service-Formate (z.B. das weiter unten erläuterte MOR-Format mit Musik und relativ hohem Wortanteil) sowie musikbasierte Formate. Da die Musik das charakteristischste Distinktionselement ist und auch als wichtigstes Einschaltkriterium seitens der Hörer gilt[53], ist die letzte Gruppe besonders stark ausdifferenziert.

Sieben wesentliche musikbasierte Formate finden sich demnach auf dem deutschen Markt.

AC (Adult Contemporary) liefert melodiöse Pop- und Rockmusik der letzten Jahrzehnte (typische Interpreten: Phil Collins, Madonna, Kelly Clarkson) und zielt als massenattraktives Programm voll auf die werberelevante Zielgruppe der 14-49-Jährigen und ist damit das in Deutschland erfolgreichste Radioformat[54]. Da die Definition „erwachsen und zeitgemäß" breiten Spielraum lässt, finden sich zahlreiche weitere Unterformate wie Soft AC, Hot AC, Oldie AC, German AC u.a. Insgesamt setzen laut den Landesmedienanstalten 56,9 Prozent der deutschen Privatradios auf AC[55]. Als Hauptgrund für den Erfolg des Formates nennt Stack (2008) die Größe der Zielgruppe, da AC den Geschmack besonders vieler Radiohörer treffe[56].

CHR (Contemporary Hit Radio) wendet sich mit einer engen Rotation sehr aktueller Titel (typische Interpreten: jeweils nach Platzierung in den Verkaufshitparaden) an die jugendliche Zielgruppe im Alter von 14 bis 24 Jahren. 19,4 Prozent der deutschen Privatsender waren 2006 CHR-formatiert[57]. Auch CHR lässt sich in weitere Subformate weiter untergliedern. Zu nennen wären exemplarisch Dance Oriented CHR, Rock Oriented CHR oder Euro Based CHR[58].

UC (Urban Contemporary) zielt mit, wörtlich übersetzt ‚städtisch zeitgemäßer Musik', also einer großen Bandbreite von Soul über RnB bis House und Techno (typische Interpreten: James Brown, Puff Daddy, David Guetta) auf ein jüngeres Publikum zwischen 18 und 34 Jahren. Aufgrund der geringen Trennschärfe zum CHR-Format rechnen die Landesmedienanstalten UC dem CHR-Format zu[59].

---

[53] vgl. Schramm (2008a): 43
[54] vgl. Schramm / Hofer (2008): 114 ff.
[55] Albert (2007): 311
[56] vgl. Stack (2008): 177
[57] Albert (2007): 311
[58] vgl. Kropp/Morgan (2008): 181 f.
[59] Albert (2007): 311

AOR (Album Oriented Rock) findet mit weniger bekannten, oft nicht als Single ausgekoppelten, längeren Rock-Songs (typische Interpreten: Rolling Stones, AC/DC, Frank Zappa) hauptsächlich Anklang bei höher gebildeten, männlichen Hörern zwischen 18 und 45 Jahren. Die Rotation der Musiktitel ist hier deutlich weiter gefasst als bei den bereits genannten Formaten. AOR hat mit Classic Rock, Hard Rock oder Soft Rock ebenfalls weitere Subformate hervorgebracht.

Melodieradio-Formate sind insofern eine deutsche Eigenart, als sie nicht auf einem amerikanischen Vorbild aufbauen. Oldies, deutscher Schlager und volkstümliche Musik (typische Interpreten: Elvis Presley, Engelbert, die Kastelruther Spatzen) erreichen eine Zielgruppe mit einem Durchschnittsalter von 50 Jahren. Dieses Format wird viel gehört, jedoch nur von fünf Privatstationen in Deutschland angeboten. Diese Diskrepanz zwischen Nachfrage und Angebot basiert vermutlich auf der geringen Attraktivität der Zielgruppe für die Werbewirtschaft[60]. Das Melodieradio-Format lässt sich weiter unterteilen in Oldies, deutschen Schlager und Volksmusik.

MOR (Middle of the Road) visiert eine Zielgruppe zwischen 35 und 55 Jahren an und bietet in erster Linie Bekanntes: Ruhigere, melodiöse, nationale und internationale Titel, die nicht zu alt, aber auch nicht zu aktuell sind, dominieren das Programm (typische Interpreten: Rick Astley, Eros Ramazzotti, Pur). Auch hier gibt es bundesweit nur fünf Privatsender, die MOR-formatiert sind.

Neben den großen existieren in der Bundesrepublik zwei weitere Spezialisten-Formate: Klassik und Jazz werden jeweils nur von einem Privatsender gespielt, treffen jedoch zusätzlich bei den öffentlich-rechtlichen Anbietern auf eine breite Hörerschaft.

2.4. Die Homogenität des konventionellen Programmangebotes

Auch wenn Schramm und Hofer die geschilderte ‚Formatlandschaft' als „breites Spektrum von verschiedenen Musik- und Submusikformaten"[61] bezeichnen, will sich dieser Eindruck beim Durchsuchen des UKW-Frequenzbandes nicht so recht einstellen. Selbst die Landesmedienanstalten als zuständige Aufsichtsbehörden des Privatfunks konstatieren in ihrem Jahrbuch 2006, dass die Angebotsvielfalt nicht steige: „Die steigende Zahl der Programme geht unterdessen nicht einher mit

---

[60] Schramm / Hofer (2008): 119
[61] Schramm / Hofer (2008): 115

mehr inhaltlicher Vielfalt. Im Gegenteil: Nach wie vor vertraut die Mehrheit der Programmveranstalter auf das massenattraktive Format Adult Contemporary (AC) beziehungsweise auf eines seiner Unterformate."[62] Von 247 Privatsendern setzten 2008 insgesamt rund 83 Prozent auf die beschriebenen Formate AC, CHR, AOR, MOR oder Melodie.

Abb. 2: Programmformate der Privatradios 2008

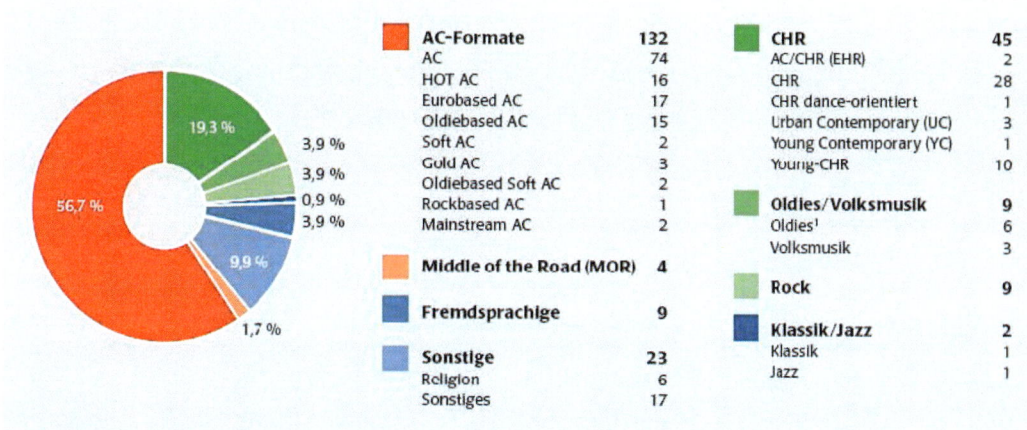

[1] ohne RTL Radio, da in Luxemburg lizenziert

Quelle: SPOTS Planungsdaten Hörfunk 1/2009. In: Langheinrich (2009): 174

Somit sendet nicht einmal jeder fünfte Privatsender anderweitige Inhalte abseits der Mainstream-Formate. Diese aussergewöhnlichen Programme konzentrieren sich hauptsächlich in den größten Ballungszentren, sodass nur ein geringer Teil der Bevölkerung sie hören kann, während sich vor allem in den Flächenländern die einheitlichen Formate am Markt behaupten.

Angesichts genauer Vorstellungen über die anvisierte Zielgruppe seitens der Werbung und der Werbezeitenvermarkter wagt also kaum mehr ein Programmchef das Risiko, von der exakten Formatausrichtung seiner Station abzuweichen, um in ohnehin angespannter wirtschaftlicher Lage lieber sicherheitsorientiert zu agieren und nicht „aus den Schaltplänen der großen Markenartikler herauszufallen."[63]

Das Ergebnis ist die gegenwärtige Programmstruktur des konventionellen deutschen Radiomarktes: Private Veranstalter sowie die öffentlich-rechtlichen Service- und Jugendwellen setzen auf die bewährten Formate. In dieser Situation werden

---

[62] Albert (2007): 310
[63] Albert (2007): 311

die ähnlich oder gleich formatierten Sender immer austauschbarer - und sie müssen mit immer raffinierteren Mitteln vor allem während der zweimal jährlich laufenden Befragungswellen der Media-Analyse ihren Hörern den Namen und den Claim (Slogan) des Senders ins Gedächtnis bringen.

Angesichts der vor allem überregionalen Austauschbarkeit und Verwechselbarkeit der Programme untereinander scheint die These vom „breiten Spektrum von verschiedenen Musik- und Submusikformaten"[64] doch sehr gewagt. Vielmehr verdichten sich die feingliedrig ausdifferenzierten Formate und Subformate auf einem sehr kleinen Bereich des möglichen Programmspektrums, ganz gleich wo in Deutschland man das klassische Radiogerät einschaltet.

2.5. Hörnutzungsverhalten

50 Millionen Menschen in Deutschland hören im Jahr 2007 täglich Radio, das entspricht einer Tagesreichweite von 77,1 Prozent der Deutschen und EU-Ausländer, die das Medium mit Informationen, Service, Kultur, Musik und Unterhaltung versorgt.[65] Während das gesamte Zeitbudget der Deutschen für ihre Mediennutzung sich an einem Durchschnittstag laut Langzeitstudie Massenkommunikation 2005 auf insgesamt 600 Minuten summierte (Mo-So, 5-24 Uhr, Personen ab 14 Jahre), entfallen auf den Hörfunk davon 221 Minuten[66]. Kein anderes Medium kommt auf eine derart hohe Nutzungsdauer. Lässt man die Nicht-Radiohörer beiseite, kumuliert sich die Hördauer der Radiohörer (so genannte Verweildauer) sogar auf durchschnittlich 241 Minuten.[67]

An dieser Stelle sei angemerkt, dass die Media-Analyse deutlich niedrigere Werte zu Hördauer (beispielsweise: ‚ma 2009 Radio II': 188 Minuten, Hörer ab zehn Jahren aus Deutschland und EU) und Verweildauer (‚ma 2009 Radio II': 239 Minuten, Hörer ab zehn Jahren aus Deutschland und EU) liefert als die Langzeitstudie Massenkommunikation, was die Autoren der letzteren Studie im Wesentlichen auf methodische Differenzen zurückführen: „Diese Zahl liegt zwar deutlich höher als die Ergebnisse der Media-Analyse Radio, die für die vergangenen Jahre eher eine Konsolidierung des Radiokonsums dokumentieren. Der Anstieg der Hörfunknutzung in der Massenkommunikation dürfte aber auch mit

---

[64] Schramm / Hofer (2008): 115
[65] Schramm (2008a): 35
[66] Reitze (2006): 49
[67] vgl. Schramm (2008a): 36

den unterschiedlichen Feldzeiten der achten und neunten Welle der Studie zu tun haben: 2000 fand die Befragung im Frühsommer statt, 2005 zum Teil noch in den Wintermonaten, in denen die elektronischen Medien gewöhnlich stärker genutzt werden als in der helleren und wärmeren Jahreszeit."[68]

Was hier als „Konsolidierung" bezeichnet wurde, sieht bei genauerer Betrachtung der Hördauerentwicklung der Jahre 2004 bis 2007[69] eher nach einem Abwärtstrend aus: Im Laufe der vier Jahre sank die Hördauer von 196 auf 186 Minuten (Deutsche und EU-Ausländer in Deutschland ab 14 Jahren). Es bedarf jedoch einer differenzierten Betrachtung. So stehen beispielsweise der rückläufigen Radionutzung bei 14-29-Jährigen (Hördauer von 2006 108 Minuten auf 2007 nur noch 95 Minuten gesunken[70]) eine zunehmende Radionutzung bei den 20-29-Jährigen (Hördauer von 2006 155 Minuten auf 2007 172 Minuten gestiegen[71]) gegenüber, wofür auch die demografische Verteilung von MP3-Playern keine hinreichende Erklärungsvariable darstellt.

Die Arbeitsgemeinschaft der Landesmedienanstalten in Deutschland, als Dachverband der Aufsichtsbehörden für den Privatrundfunk, sieht in ihrem Jahresbericht 2006 dennoch akuten Handlungsbedarf: „Auch die Zahl der Hörer gestern geht zurück, und das seit Jahren. Zwischen 2005 und 2006 sank sie um 739.000 auf 50,2 Mio. Der Rückgang betraf diesmal auch die gebührenfinanzierten Sender, die in den Jahren zuvor stets Hörer gewonnen hatten. Die Privaten verloren binnen Jahresfrist 393.000 Hörer gestern und erreichten noch annähernd 27,5 Mio. Menschen, 2005 waren es noch 1,3 Mio. mehr. Auf diesen schleichenden Hörerschwund müssen Senderverantwortliche im Privatradio rasch reagieren. Erfolge bei den Hörern sind schließlich die Grundlage für den wirtschaftlichen Betrieb eines werbefinanzierten Senders."[72]

Wichtigstes Charakteristikum der gegenwärtigen Radionutzung in Deutschland ist die Nebenbeinutzung. Hierauf und auf die Massenkompatibilität sind die meisten formatierten Programme ausgerichtet. Das Radio als rein auditives Medium wird zu 90 Prozent neben der Ausübung anderer Tätigkeiten genutzt. „Das beginnt bereits morgens: Radio begleitet die Körperpflege bei 30 Prozent der Konsumen-

---

[68] Reitze (2006): 41
[69] vgl. Klingler (2007): 461f.
[70] vgl. Klingler (2007): 461f.
[71] vgl. Klingler (2007): 461f.
[72] Albert (2007): 317

ten. 50 Prozent nutzen Radio täglich zur Information und Unterhaltung beim Essen. Die Hausarbeit begleitet Radio bei 22 Prozent, das Autofahren bei 41 Prozent der Konsumenten. 13 Prozent der Konsumenten hören bei der Berufsarbeit Radio – und zwar weit über 400 Minuten lang."[73]

Gleichzeitig zeigt sich, dass deutsche Radiohörer eine große Programmtreue an den Tag legen. „Von einem Kanal zum anderen hüpfende Radiozapper sind selten, durchschnittlich hören die meisten Menschen innerhalb von 14 Tagen nur etwa drei verschiedene Programme,"[74] ein Wert, der sich zwischen 1985 und 1998 trotz einer Vervielfachung des Programmangebotes aufgrund der zwischenzeitlichen Einführung der Privatradios kaum verändert hat.[75] Das Gutachten zum Medienbericht 2008 der Bundesregierung fasst die Situation zusammen: „Dieser stabile Befund hat mit dazu geführt, dass die dominante Programmstrategie im Hörfunk der letzten Jahre darin bestand, möglichst ‚durchhörbare' Programme zu gestalten, die keinen Anlass zum Um- oder Abschalten bieten. Umgekehrt hat diese Strategie wiederum eben diese Art des Nutzungsverhaltens verstärkt: Wenn keine Anlässe zum Umschalten geboten werden, wird auch weniger umgeschaltet. Unter einer solchen strategischen Prämisse bleibt für ‚Einschaltprogramme', die darauf abzielen, dass ihr Zielpublikum zu einem bestimmten Zeitpunkt eine bestimmte Sendung hören will, kaum Platz."[76] Während also beim Fernsehen häufig umgeschaltet wird, scheint der Rezipient beim Hörfunk eher träge zu reagieren.

Auch der Blick auf die Hörfunknutzung im Tagesverlauf (siehe Abb. 3) macht deutlich, wie sehr sich das Radio als Tagesbegleitmedium etabliert hat. Ein besonderer Schwerpunkt fällt dabei auf die Hauptverkehrszeiten (‚Drive Time') am Morgen und Nachmittag, zu denen die Nutzung signifikant ansteigt. Mit ein Grund hierfür ist der oft angebotene Verkehrsfunk, der dem Radiohören im Auto besonderen Nutzwert verleiht sowie Nachrichten und Wetterberichte, die sich viele Hörer zum Start in den Tag wünschen[77] und die damit das ideale Begleitprogramm zum Waschen, Zähneputzen oder Frühstücken liefern. Deutlich sichtbar wird hier auch

---

[73] Mai (2007b): 37
[74] Brünjes (1998): 32
[75] vgl. Brünjes (1998): 32
[76] Bleicher, Hasebrink, Schmidt et al. (2008): 91
[77] vgl. Brünjes (1998): 33

der ‚Fernsehschatten' ab 20 Uhr, wo die Radio-Reichweite pünktlich zur ‚Tagesschau' auf unter fünf Prozent absackt.

Abb. 3: Radionutzung im Tagesverlauf nach Altersklassen (Basis: BRD gesamt, Mo-So, Deutsche und EU-Ausländer ab zehn Jahren)

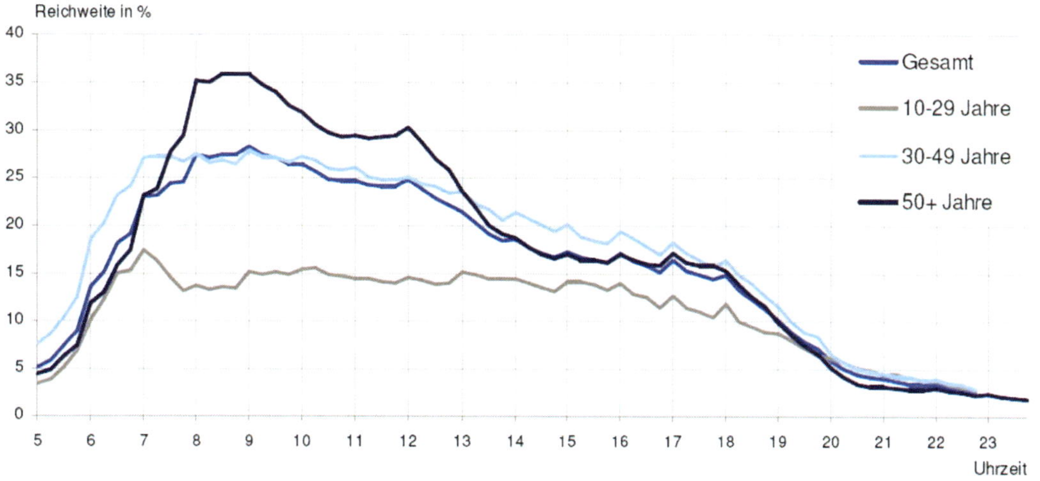

Quelle: ‚ma 2009 Radio II'. Zit. in: AS&S (2009)

Auffallend ist auch, dass die jüngste Gruppe der Hörer zwischen zehn und 29 Jahren vergleichsweise wenig Radio hört. Die Zielgruppe zwischen 14 und 19 Jahren hörte im Jahre 2007 sogar fast eine halbe Stunde weniger Radio als noch 2004, was gemeinhin mit der zunehmenden Nutzung mobiler Musikmedien (vor allem: MP3-Player) erklärt wird[78], aufgrund gegenläufiger Erkenntnisse anderer Studien jedoch nicht einwandfrei zu konstatieren ist. Dieser Aspekt wird in Absatz 3.2.4. dieser Arbeit detaillierter aufgegriffen.

2.6. Einschaltmotivationen

Jörg-Oliver Ecke untersuchte 1991 in einer empirischen Arbeit basierend auf dem ‚Uses and Gratifications'-Ansatz die Motive der Hörfunknutzung.[79] Dieser Ansatz, zu Deutsch ‚Nutzen- und Belohnungsansatz', geht von einem aktiven Medienpublikum aus, das Inhalte aufgrund verschiedener Motivationen zur Befriedigung bestimmter Bedürfnisse bewusst auswählt und konsumiert. Dabei stehen die Medien in Konkurrenz mit anderen Mitteln der Bedürfnisbefriedigung. Er geht auch

---
[78] vgl. Schramm (2007): 120
[79] vgl. Ecke (1991): 155

davon aus, dass der Rezipient in der Lage ist, seine Bedürfnisse und somit sein Mediennutzungsverhalten rational zu begründen und auszudrücken.[80]

Eckes Modell zu Folge ziehen gewisse soziologische und psychosoziale Eigenschaften der Rezipienten bestimmte Hörfunknutzungsmotive nach sich. Diese wiederum beeinflussen die Art und den Umfang der Radionutzung. Zusammenfassend kam er zunächst zu der Erkenntnis, dass die Frage nach der Wichtigkeit einzelner Nutzungsgründe als nachrangig hinter der Frage nach der Häufigkeit bestimmter Nutzungsgründe zu betrachten sei. Er gibt des Weiteren zu bedenken, dass die Befunde seiner Studie mangels Repräsentativität zwar begründete, jedoch nicht unbedingt bestätigte Hypothesen darstellten.

Er erforschte die Nutzungsgründe bei insgesamt 745 Befragten und stellte anschließend 18 Motiv-Items auf, die er daraufhin in vier wesentliche Motiv-Dimensionen einteilte:

So repräsentieren sie entweder

- das Bedürfnis nach allgemeinen Informationen,
- ein musikspezifisches Informationssuchmotiv,
- das Bedürfnis nach Unterhaltung und/oder Entspannung (Rekreation) oder
- ein Gesellschaftsmotiv (parasoziale Interaktion).[81]

Häufigstes Motiv für die Hörfunknutzung ist seiner Erhebung nach die Rekreation, gefolgt vom allgemeinen Informationsmotiv. Nahezu ‚punktgleich' in der Rangfolge liegen das musikbezogene Informationsmotiv und das Gesellschaftsmotiv.

Seine Erhebung ergab auch, dass soziale Merkmale eine statistische Relevanz für das Vorkommen der jeweiligen Motive haben. So brachte er zu Tage, dass die Suche nach allgemeinen Informationen vor allem bei „Personen, die etwas älter sind, nicht mehr in der Ausbildung sind und bereits eine Familie gegründet haben"[82] die treibende Kraft bei der Hörfunknutzung ist. Musikbezogene Informationen werden in erster Linie von „statusärmeren Adoleszenten"[83] gesucht, also überwiegend „jüngeren Menschen, die noch in Ausbildung sind oder (noch) keine höher qualifizierte Tätigkeit ausüben."[84] Unterhalten lassen möchten sich schwerpunktmäßig jüngere Frauen, die sich zu Hause häufig alleine fühlen. Hausfrauen

---

[80] vgl. Katz/Blumler/Gurevitch (1974): 21f.
[81] vgl. Ecke (1991): 156
[82] Ecke (1991): 157
[83] Ecke (1991): 157
[84] Ecke (1991): 157

und Hausmänner instrumentalisieren der Studie nach den Hörfunk besonders oft als Gesellschafter, wohingegen die Gruppe der höher qualifizierten Berufstätigen diesen Faktor für komplett unbedeutend einschätzt.[85]

Die Tatsache, dass Eckes Studie bereits einige Jahre zurückliegt, scheint mir im Hinblick auf die Validität ihrer Aussagen irrelevant, da sich die Statistik ohnehin auf die konventionelle Radionutzung konzentriert, für die damals wie heute ähnliche Motivationen anzunehmen sind.

2.7. Das Idealradio aus der Rezipientenperspektive

Gerhard Vowe und Jens Wolling von der TU Ilmenau haben im Herbst 2002 insgesamt 1548 verwertbare Interviews durchgeführt, um Aufschluss über die Gründe für das Nutzungsverhalten im Radiomarkt Hessen/Sachsen-Anhalt/Thüringen zu erhalten.[86] Im Auftrag der betroffenen Landesmedienanstalten wurden daneben Inhaltsanalysen von 17 im Befragungsgebiet empfangbaren Sendern angefertigt, indem man die Programme eine künstliche Sieben-Tage-Woche lang jeweils 14 Stunden pro Tag digital aufzeichnete und nach verschiedenen Kriterien wie der Musikfarbe und weiteren Programmelementen auswertete. So erhielten sie gleichzeitig Daten über die tatsächliche Programmgestaltung, deren Wahrnehmung durch die Hörer und deren Vorstellungen vom Idealradio. Kernfrage war somit: Weshalb hören Hörer, was sie hören?

Auch wenn die Fragestellung die Problematik beinhaltet, dass die Befragten damals vermutlich größtenteils keine Vorstellung von Internetradio und dessen vielfältiger Möglichkeiten der Programmausgestaltung hatten, so ist es doch wissenswert, welche Kriterien die Hörer unter Betrachtung des ihnen bekannten Bezugsrahmens (des ihnen bekannten, konventionellen Programmportfolios) für wünschenswert erachteten.

Um sich der Thematik anzunähern, fragte man die Teilnehmer also nach ihren Vorstellungen vom Idealradio. In Gruppengesprächen ergaben sich bereits vor der eigentlichen Untersuchung zehn Qualitätskriterien, die sich anhand der oberen fünf Spannungsbögen der folgenden Grafik visualisieren lassen.

---
[85] vgl. Ecke (1991): 158
[86] vgl. Vowe / Will (2004): 15

Abb. 4: Qualität als Spannungsbögen

Überraschung	↔	Erwartbarkeit
Globalität	↔	Regionalität
Emotionalität	↔	Intellektualität
Nähe	↔	Distanz
Nebenbeihören	↔	Zuhören
Aktualität	↔	Sorgfalt
Konflikt	↔	Harmonie
Wahrheit	↔	Rücksichtnahme

Quelle: eigene Darstellung, nach Vowe / Wolling (2004): 17

Die Vorgespräche ergaben auch, dass sich eine besonders hohe Programmqualität nicht dadurch auszeichnet, dass eine der Erwartungen auf den Spannungsbögen in besonders starker Ausprägung erfüllt wird, sondern dass der Idealwert bei einem bestimmten Punkt zwischen den Extremen liegt: „Hohe Qualität wäre demnach der gelungene Ausgleich zwischen divergierenden Erwartungen, die an ein Programm gestellt werden."[87] Und: „Die Ergebnisse der Untersuchung in dieser Hinsicht zeigen klar, dass bei den meisten Gegensatzpaaren erhebliche Spannungen zwischen den beiden Polen festzustellen sind, während die Präferenzen zum größten Teil in der Nähe der Mitte – genau zwischen den beiden Extremen – zu verorten sind."[88] Zusätzlich zu diesen zehn durch das Vorgespräch ermittelten Erwartungen wurden die in der Grafik unten stehenden sechs Eigenschaften „in Anlehnung an ein traditionelles, publizistisch-normatives Verständnis von Qualität formuliert."[89]

Außerdem sollten sich die Befragungspersonen zur Programmstruktur ihres Idealradios äußern und mitteilen, welche Programmelemente sie häufig hören möchten und welche eher selten.[90] Sehr gewünscht wurden demnach Musik (zunächst unabhängig von der Musikrichtung), Nachrichten und Verkehrsinformationen. Abbildung 5 zeigt die Programmelemente des gewünschten Idealradios.

---

[87] Vowe / Wolling (2004): 17
[88] Vowe / Wolling (2004): 18
[89] Vowe / Wolling (2004): 17
[90] vgl. Vowe / Wolling (2004): 23

Abb. 5: Programmelemente des Idealradios

Programmelement	soll „häufig" gebracht werden (%)	soll „selten"/„nie" gebracht werden (%)
Musik	90	1
Nachrichten	77	3
Verkehrsmeldungen	73	11
Politik	53	17
Veranstaltungstipps	45	20
Moderatorenteam	48	22
Humor	43	18
Teaser	35	27
Verbrechen	33	28
Verbrauchertipps	34	32
Jingles	35	34
Hörerbeteiligung	24	33
Infos über Sänger	25	37
Spiele	21	48

Quelle: Vowe / Wolling (2004): 23

Während sich bei den genannten Elementen Musik, Nachrichten und Verkehr noch eine einheitliche breite Zustimmung ablesen lässt, wird bei allen weiteren Punkten der Anteil der Rezipienten, die ein bestimmtes Element ablehnen, empfindlich hoch. Verbrauchertipps beispielsweise werden zwar von einem Drittel der Hörerschaft gewünscht, jedoch ebenfalls von einem Drittel abgelehnt. Einen Spezialfall stellt das Programmelement Musik im Idealradio dar, da hier wiederum die zahlreichen Genres polarisieren, wie Abb. 6 zeigt.

Am konsensfähigsten scheinen der Erhebung zufolge Oldies zu sein - und dies nicht etwa deshalb, weil die Mehrheit der Hörer sich diese Musik im Radio wünscht (zu dieser Gruppe gehören nur 46 Prozent der Befragten), sondern deshalb, weil nur eine geringe Minderheit (sieben Prozent) diese Musik in ihrem Idealradio überhaupt nicht tolerieren würde. In absteigender Tendenz lässt sich auch bei Popmusik der letzten Jahre oder aktueller Popmusik noch am ehesten ein Konsens erreichen. Alle weiteren Genres haben bereits genauso viele Anhänger wie Gegner oder sogar mehr Gegner als Anhänger. Vowe und Wolling fanden weiter heraus, dass Hörer ganz rational das Programm nutzen, welches ihren subjektiven Erwartungen an ein ideales Radioprogramm am nächsten kommt.[91]

---

[91] vgl. Vowe / Wolling (2004): 23

Abb. 6: Musikrichtungen des Idealradios

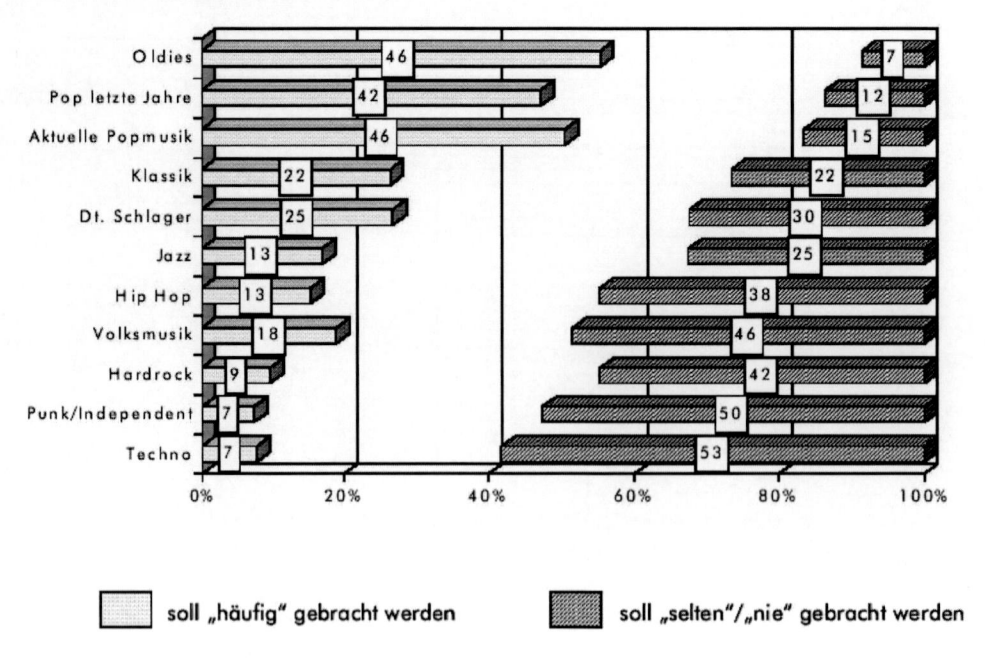

Musikrichtung	soll „häufig"	soll „selten"/„nie"
Oldies	46	7
Pop letzte Jahre	42	12
Aktuelle Popmusik	46	15
Klassik	22	22
Dt. Schlager	25	30
Jazz	13	25
Hip Hop	13	38
Volksmusik	18	46
Hardrock	9	42
Punk/Independent	7	50
Techno	7	53

☐ soll „häufig" gebracht werden   ▨ soll „selten"/„nie" gebracht werden

Quelle: Vowe / Wolling (2004): 24

Ihren Niederschlag finden diese Forschungsergebnisse erwartungsgemäß in der bestehenden, konventionellen Radiolandschaft: Wie bereits erwähnt, erweisen sich diejenigen Formate als besonders erfolgreich, die auf einen möglichst großen inhaltlichen Konsens einer möglichst großen Zielgruppe abzielen, allen voran AC und CHR, deren Programme – anders gesagt – beim Hörer nur selten Euphorie, dafür jedoch noch seltener totale Ablehnung hervorrufen.

Die Quintessenz daraus muss demnach lauten: Das eine, ultimative Idealradio für alle deutschen Radiohörer kann es nicht geben, die individuellen Präferenzen sind einfach zu spezifisch. Wenngleich diese Erkenntnis für den konventionellen Radiomarkt eher als ernüchternd gewertet werden kann, so dürfte sie doch gerade die Veranstalter von Programmen ermutigen, die sich auf die neuen digitalen Verbreitungswege konzentrieren. Denn die Möglichkeit, die individuellen Präferenzen der Hörerschaft zu bedienen, eröffnet sich mit den technischen Innovationen der Gegenwart im Bereich der digitalen Radioverbreitung mehr denn je. Darüber hinaus ist sie erstmals kostengünstig (für Programmveranstalter wie Endverbraucher), technisch machbar (Produkte sind auf dem Markt) und realistisch erwartbar (erste Angebote sind bereits aktiv).

3. Technische Innovationen und eine veränderte Mediennutzung

Der Chefredakteur der Nürnberger Zeitung, Wolfgang Riepl stellte bereits im Jahre 1913 bei seiner Betrachtung des Nachrichtenwesens seit der Römerzeit fest, dass ein einmal etabliertes Medium nie ganz in der Bedeutungslosigkeit versinke, sondern nur jeweils modifizierte, spezialisierte Zwecke erfülle: Sein Gesetz besagt, dass „die einfachsten Mittel und Formen und Methoden, wenn sie nur einmal eingebürgert und brauchbar befunden worden sind, auch von den vollkommensten und höchst entwickelten niemals wieder gänzlich und dauernd verdrängt und außer Kraft gesetzt werden können, sondern sich neben diesen erhalten, nur dass sie genötigt werden, andere Aufgaben und Verwertungsgebiete aufzusuchen."[92]

So ist in der Retrospektive auch nicht zu übersehen, dass technische Neuerungen und strukturelle Veränderungen der Rahmenbedingungen tatsächlich zu einer veränderten Mediennutzung führten. In deren Entwicklung schlägt sich nieder, wie sich die Rezipienten mit ihrem begrenzten, wenn auch im Laufe der Zeit enorm ausgeweiteten Medienzeitbudget in der neuen Konkurrenzsituation entschieden haben. Riepls These indes wird dadurch bestätigt, dass auch Schallplatte, Musikkassette und CD in bestimmten Anwendungsnischen noch immer millionenfach Verwendung finden, mögen sie auch noch so sehr technisch überholt scheinen.

Da der Fokus dieser Arbeit auf dem Hörfunk liegt, werden im Folgenden dessen wesentliche mediale Weggefährten und Mitstreiter im Werben um die Aufmerksamkeit des Mediennutzers aufgezeigt – zunächst im Hinblick auf vergangene Entwicklungen, anschließend im Hinblick auf die aktuellen technischen Innovationen, deren Auswirkungen auf die Hörfunknutzung im Zentrum dieser Arbeit stehen und deren grundlegende Kenntnis daher unverzichtbar ist.

---

[92] vgl. Riepl (1913): 5

3.1. Technische Innovationen der Vergangenheit und ihre Konsequenzen für das Radio

Als wichtigster Einflussfaktor auf die Hörfunknutzung gilt die Einführung des Fernsehens in den 50er-Jahren. Am ersten Oktober 1954 startete die ARD ihr gemeinsames Programm, die Zahl der Fernsehapparate stieg in den folgenden Jahren rasant an: „Während 1955 nur 100.000 Fernsehteilnehmer registriert waren, wurde im Oktober 1957 bereits die Einmillionengrenze, Ende 1958 die Zweimillionengrenze erreicht, [...] Oktober 1963 acht Millionen."[93] Dabei übte das neue Medium vor allem auf diejenigen Rezipienten eine große Anziehungskraft aus, die auch das Radio intensiv nutzten, hauptsächliche Gründe waren die Unterhaltung sowie die Teilnahme am Zeitgeschehen beziehungsweise der Reiz des neuen Mediums.[94] Zumindest mit den ersten beiden Gründen äußern die Rezipienten damals die gleichen Erwartungen wie an das Radio. Inhaltlich orientierten sich die Programmverantwortlichen des Fernsehens in Anbetracht dieser ähnlichen Erwartungen denn auch anfangs am Programm des Hörfunks. Für die Fernsehzuschauer galt fortan – im wahrsten Sinne des Wortes - ein neue Zeitrechnung: „Lag vom Radiopublikum werktags fast jeder vierte um 21 Uhr schon im Bett, so war es von der Fernsehteilnehmern eine Minderheit von vier Prozent; um 22 Uhr hatten sich bereits Zweidrittel der Radiohörer zur Ruhe begeben, von den Fernsehteilnehmern waren es 29 Prozent."[95] Des Weiteren entwickelte sich das Radio vom Einschalt- zum Nebenbeimedium. „Hatten 1952, also vor der Einführung des Fernsehens, noch 36 Prozent der Hörer ihr Radio eingeschaltet, weil sie sich in einer ausgedruckten Programmvorschau informiert hatten, so waren es 1960 nur noch 18 Prozent. Das Radio war, evtl. unumkehrbar, von einem Primär- zu einem Sekundärmedium geworden."[96]

Die Hörfunksender unternahmen nun ihrerseits einen Versuch, diese Entwicklung weg vom Radio wieder umzukehren: „So ging man nun daran, den Hörfunk fernsehgerecht zu gestalten: zum Beispiel durch ‚Entwortung', Musikberieselung und rasche Schnittfolgen; es entstand der ‚Dudelfunk mit hirnlosem Moderatoren-

---

[93] Koch/Glaser (2005): 250
[94] vgl. Koch/Glaser (2005): 251
[95] Koch/Glaser (2005): 252
[96] Koch/Glaser (2005): 262

gequassel'".[97] Anders ausgedrückt, gelang es, den Hörfunk mit neuen Programmformen so zu positionieren, dass man die Gunst des Hörers – zumindest am Morgen und tagsüber - zurückgewinnen konnte.

Eine wesentliche Rolle bei diesem ‚Rettungsmanöver' spielte die Entwicklung der neuartigen und schnell erfolgreichen Servicewellen (siehe Absatz 2.2. dieser Arbeit), mit denen sich das Radio an die neuen Nutzungsgewohnheiten anpasste.

In engem Zusammenhang mit dieser Anpassung steht auch die Legalisierung beziehungsweise Realisierung des Dualen Rundfunksystems. Den Anfang bei den landesweiten Privatsendern machten 1986 ‚Radio Schleswig-Holstein' (RSH), RPR1 und ‚Radio Hamburg'. Die Zulassung privatwirtschaftlich organisierter Funkhäuser zog eine kommerzielle Programmausrichtung der Privatsender nach sich, deren Zielgruppenausrichtung in der Ausprägung des Formatradios mündete. Auch die öffentlich-rechtlichen Stationen fügten sich unter dem Einfluss eines öffentlichen Diskurses über die möglichst zweckdienliche Verwendung der Rundfunkgebühren verstärkt dem entstandenen Quotendruck (siehe Absatz 2.3.). Schließlich hatten die kommerziellen Radios den öffentlich-rechtlichen bis 1990/1991 bereits fast ein Viertel ihrer Hörer abgeworben, aus der wirtschaftlich interessanten Gruppe der 14-29-Jährigen sogar 40 Prozent.[98]

Technische Grundlage der Einführung des Dualen Rundfunksystems war die Freigabe weiterer UKW-Frequenzen zwischen 100 und 108 Megahertz, deren Effekt auf die Hörfunknutzung in Folge einer Ausweitung der Programmpalette nicht unabhängig von der Realisierung des Dualen Systems bewertet werden kann.[99]

Gleiches gilt für die Verkabelung und die Entwicklung der Satellitentechnik, deren Aufkommen z.B. in der Langzeitstudie Massenkommunikation keine signifikanten Effekte auf die Hörfunknutzung nach sich zog. Als Ursachen hierfür lässt sich nur vermuten, dass sich beide Verbreitungswege auf einen stationären Empfang beschränken und dass sich beide Techniken erst nach und nach etablierten, somit also ein plötzlicher Effekt nicht zu erwarten ist.

---

[97] Koch/Glaser (2005): 254
[98] vgl. Brünjes/Wenger (1998): 18
[99] vgl. Brünjes/Wenger (1998): 15

Unter dem Strich ging das Radio aus den geschilderten Konkurrenzkämpfen dank seiner durchlebten Wandlung gestärkt hervor und verzeichnete langfristig insgesamt einen Anstieg der Nutzungsdauer, wie ihn die Studien ausweisen.[100]

Die Etablierung des Musikfernsehens, zu deren Konsequenzen der Titel der Arbeit eine Anspielung darstellt, hatte zwar zwischenzeitlich einen Einfluss auf die Verteilung der Werbeetats in Deutschland, konnte jedoch die Hörfunknutzung nicht signifikant beeinflussen. Zwar lassen sich vereinzelt Auswirkungen auf die Programmgestaltung und die Höreransprache im Radio erkennen, die provokante These der Buggles, „Video killed the radio star", erwies sich jedoch als nicht verifizierbar, zumal weder das Medium Radio zugunsten des Musikfernsehens signifikant an Bedeutung verlor noch der Aufstieg von ‚Radio Stars' im Sinne von bekannten Moderatoren-Persönlichkeiten unterblieb.

Analoge Tonträger wie das Tonband, die Schallplatte, die Audiokassette oder die digitale Compact Disc (CD) boten neben den soeben beschriebenen massenmedialen Veränderungen die Möglichkeit einer individualisierten Musiknutzung. Auf dem Gebiet der mobilen individuellen Musikunterhaltung leistete der japanische Sony-Konzern 1979 Pionierarbeit mit der Einführung des ‚Walkman', einem tragbaren Kassettenspieler, dem wenig später ähnliche Produkte weiterer Hersteller folgten. Er wurde Statussymbol und Sinnbild für eine städtische und individuelle Lebensform. Sein Erfolgsrezept basiert darauf, dass er „das Bedürfnis nach individuellem ‚Vergnügen' in eine neue Dimension"[101] führte, indem er den Genuss selbst zusammengestellter oder gekaufter Musik zu jeder Zeit an jedem Ort ermöglichte. „Bereits die Aneignung des Walkmans war in verschiedenen kulturellen Kontexten vor allem dadurch gekennzeichnet, dass das Gerät eine private und mobile Nutzung von Musik in öffentlichen Räumen gestattete und so die Grenze von Öffentlichkeit und Privatheit im mobilen Musikkonsum in Frage stellte."[102]

Auch portable CD-Spieler gewannen nach ihrer Einführung rasch Marktanteile. Ihre Nutzer profitierten neben den genannten Vorteilen des Walkmans auch von einer deutlich höheren Klangqualität und vom größeren Bedienkomfort: Nun war

---

[100] vgl. van Eimeren/Ridder (2005): 496
[101] Friederici (2006): 17
[102] Berg & Hepp (2007): 31

es möglich, Titel zu überspringen oder schnell zu durchsuchen sowie Titelreihenfolgen oder Zufallswiedergaben zu programmieren.

Wenngleich die unterschiedlichen Tonträger sicher nicht zu unterschätzende soziale Konsequenzen, vor allem in Hinblick auf den Genuss von Musik, nach sich ziehen[103], ist eine unmittelbare Auswirkung auf die Hörfunknutzung an Statistiken wie z.B. der Langzeitstudie Massenkommunikation nicht ablesbar, mag sie auch noch so plausibel erscheinen. Die Ursache hierfür liegt in einem generell wachsenden Medienzeitbudget begründet, in welchem vor allem zwischen 1995 und 2000 sowohl die zunehmende Nutzung von Tonträgern (CD, LP, MC) als auch eine ansteigende Nutzungsdauer des Hörfunks aufgehen, sodass ein kausaler Zusammenhang zwischen diesen beiden Entwicklungen zumindest anhand der Daten der Langzeitstudie Massenkommunikation nicht nachweisbar ist.

Die Wirkung der Summe dieser Innovationen zeigt sich in ihrer deutlichsten Form in der Programmgestaltung des gegenwärtigen Massenradios, sei es öffentlich-rechtlich oder privatwirtschaftlich organisiert: Es spricht eine möglichst große Zielgruppe an, um die Produktionskosten durch erzielte Werbeeinnahmen zu refinanzieren und Gewinne zu erwirtschaften beziehungsweise um möglichst viele Gebührenzahler zufriedenzustellen. Es ist in seiner Programmstruktur vornehmlich auf eine Nebenbeinutzung ausgelegt, da die konzentrierte und ungeteilte Aufmerksamkeit des Rezipienten heute eher anderen Medien (siehe die erwähnten konkurrierenden Innovationen) zu Teil wird. So sollen möglichst lange Nutzungsdauern erzielt werden, die sich wiederum in höheren Werbeeinnahmen beziehungsweise einer Bestätigung der Daseinsberechtigung im öffentlichen Diskurs über öffentlich-rechtliche Programme niederschlagen.

Minderheiteninteressen werden in öffentlich-rechtlichen Nischenprogrammen bedient oder – falls die Minderheit aufgrund geringer Streuverluste für einen bestimmten Zweig der Werbung treibenden Wirtschaft interessant genug ist – von kommerziellen Spartenkanälen versorgt.

Musikalische Vorlieben können aufgrund der Mehrheitsausrichtung nur grob erfüllt werden. Die individuelle Musikauswahl obliegt nach wie vor nicht dem Hörer, sondern einer professionellen Musikredaktion, die mit ihrer Auswahl streng standardisierten Vorgaben zur Musikzusammensetzung folgt, mit der das Pro-

---

[103] vgl. Friederici (2006): 17

grammkonzept und die Zielgruppenausrichtung erfüllt werden soll.

3.2. Gegenwärtige technische Innovationen

Mit der Entwicklung des Internets und dem Ausbau der in den Medien mitunter als ‚Datenautobahnen' bezeichneten Breitbandnetze existiert nun das technische Fundament für weitere Innovationen, mit denen das konventionelle Massenradio um die Gunst des Rezipienten konkurriert. Die als Digitalisierung bezeichnete Umwandlung von Signalen in Datenpakete auf Basis des Binärcodes ermöglicht den Transport von Daten auch über andere Verbreitungswege als die bisher genutzten Kanäle Kabel, Satellit und Terrestrik. Als Grundlage für die digitale Verbreitung von Audiodaten dient das vom deutschen Fraunhofer-Institut für Integrierte Schaltungen in Erlangen entwickelte Dateiformat MP3 (MPEG-1 Audio Layer 3). Es beruht auf dem Prinzip, für das menschliche Ohr nicht hörbare Frequenzen bei der Komprimierung auszusparen und so eine hohe Klangqualität bei geringem Datenvolumen zu liefern.[104] Diese Erfindung ermöglichte somit den Transfer von Audiodaten über das Internet in hoher Qualität zu immer niedrigeren Kosten für den Endnutzer. In der Konsequenz führte dies unter anderem dazu, dass Musikdateien massenhaft, kostenlos und häufig auch illegal im Internet verbreitet wurden und werden. Der Markt für Tonträger und DVDs brach in der Folge weltweit ein. Zwischen 1998 und 2005 sank der CD-Absatz allein in Deutschland von 250 Millionen auf 140 Millionen verkaufte Exemplare, was einem Rückgang von 40 Prozent entspricht. Gleichzeitig schätzte der Bundesverband der Phonographischen Wirtschaft die Zahl der illegalen Downloads im Jahre 2002 auf 622 Millionen. Seither sinkt diese Zahl zwar, der Einbruch des CD-Absatzes kann jedoch bislang auch durch die zunehmende Nutzung legaler und bezahlter Downloads nicht ausgeglichen werden.[105]

Auch das Radio blieb von der Innovation MP3 nicht unberührt, ermöglicht der problemlose Versand von Audiodaten doch ebenso eine ununterbrochene Verbreitung eines Hörfunkprogramms – und dies ohne regionale oder inhaltliche Restriktionen.

---

[104] vgl. Stadik (2007): 185
[105] vgl. Schramm (2007): 121

Schramm und Hägler sehen die Musik an einem „technischen Wende- oder gar Endpunkt angelangt"[106], wo sie fortan unabhängig von Ton- oder Datenträger existieren und vertrieben werden kann und gewissermaßen omnipräsent ihren Weg zum Ohr des Rezipienten findet. Vor allem die negativen Folgen dieser Entwicklung für die Musikindustrie werden in den Medien hinlänglich kommuniziert. Doch auch positive Effekte treten auf: So kooperieren dank der einfachen Übertragungsmöglichkeit von Musik nun Musiker, die räumlich weit voneinander entfernt sind. Musikwerke gelangen heute an die Öffentlichkeit, die bisher aus Vermarktungsgründen nicht erschienen wären, da die Musikindustrie kommerziell aussichtsreicheren Titeln den Vorzug gegeben hätte.[107]

Auch in der gegenwärtigen Entwicklung technischer Innovationen im Bereich der digitalen Verbreitungswege für den Hörfunk gehen die Chancen mit den Bedenken einher. Um diese gegeneinander abwägen zu können, werden im Folgenden die Charakteristika der behandelten Technologien beschrieben.

3.2.1. Internetradio

Wie in Absatz 1.2. der Einleitung dieser Arbeit angesprochen, ermöglichte die Entwicklung des Dateiformates MP3 (und in der Folge auch weiterer komprimierter Formate) die Übermittlung von Audiodateien über das weltweite Datennetz. Befeuert wurde diese Innovation anschließend durch den Ausbau von Glasfaser- und Breitband-Internetverbindungen (DSL), die den Download und die Übertragung deutlich beschleunigten sowie eine Klangqualität annähernd auf CD-Niveau ermöglichte.[108]

Eine weitere Hürde stellten zwischenzeitlich noch die Kosten für das entstehende Datenaufkommen dar, die mit der Etablierung von und Preissenkung bei so genannten Daten-Flatrates, also Nutzungsverträgen ohne Beschränkung des Datenvolumens oder der Nutzungsdauer, jedoch auch wegfiel. 2006 ging bereits jeder zweite Online-Nutzer mit einer Flatrate ins Netz. Somit war – neben zahlreichen anderen Entwicklungen - das Fundament gelegt für einen neuen Distributionsweg des Mediums Radio, der in der Konsequenz auch neue Programmformen nach sich ziehen sollte.

---

[106] Schramm (2007): 136
[107] vgl. Schramm (2007): 136
[108] vgl. Fisch & Gscheidle (2006): 433

Die ersten deutschen Sender, die ihre Programme zusätzlich zur konventionellen Ausstrahlung über das Internet verbreiteten, waren ‚B5 aktuell' und die ‚Deutsche Welle'.[109]

3.2.1.1. Definition Internetradio

Da die Literatur mehrere Definitionen des Begriffs Internetradio anbietet, soll an dieser Stelle eine Eingrenzung und Klärung zur Verwendung im Rahmen dieser Arbeit erfolgen.

Zunächst sei an die Definition des Rundfunk-Begriffs erinnert, wie sie sich im Rundfunkstaatsvertrag wiederfindet: Demnach ist Rundfunk die „für die Allgemeinheit bestimmte Veranstaltung und Verbreitung von Darbietungen aller Art in Wort, in Ton und in Bild unter Benutzung elektromagnetischer Schwingungen ohne Verbindungsleitungen oder längs oder mittel eines Leiters."[110]

Goldhammer und Zerdick beschreiben den Oberbegriff Online-Rundfunk als „das Senden, die Übertragung und der Empfang von Audio- und/oder Videodaten, vor allem über das Internet."[111] Nach Ansicht der deutschen Verwertungsgesellschaft für Musikstücke, der GEMA, ist ein Webradio „eine Musikübertragung im Internet, die vom Sender für die Empfänger in Form eines Programms zusammengestellt wird. Jeder Hörer hört zu einer bestimmten Zeit dasselbe."[112]

Die Eingrenzung auf Musikinhalte liegt auf der Hand, wenn man sich die Ziele der GEMA vor Augen führt: die Abrechnung und Verwertung von Musik bei Veröffentlichungen oder Vorführungen in Deutschland. Im Rahmen dieser Arbeit erweitere ich dies jedoch um musikfreie Wortprogramme und definiere somit den Begriff Internetradio als

> Aussendung digitaler Informationen über das Internet in Form eines zusammengestellten Programms zum Zwecke des Hörens durch eine Öffentlichkeit mit der Option eines Rückkanals für Interaktion zwischen Rezipient und Sender. Jeder Hörer hört zu einer bestimmten Zeit dasselbe.

Zur besseren Abgrenzung verwende ich im Folgenden den Begriff Internetradio mit Bezug auf ein Programm, dessen individuelle Zusammenstellung - anders als

---

[109] vgl. Popp (2008): 25
[110] Rundfunkstaatsvertrag §2 (1), zit. in: Goldhammer/Zerdick (1999): 19
[111] Goldhammer & Zerdick (1999): 19
[112] GEMA (2009)

bei den Online-Radiodiensten, die in Kapitel 3.2.2. behandelt werden - nicht dem Hörer bzw. Nutzer obliegt.

3.2.1.2. Unterschiede zum konventionellen Radio

Der Übertragungskanal des konventionellen Radios ermöglicht nur einen sehr begrenzten Fluss zusätzlicher Datenströme. Die Bandbreiten für die Internet- und damit auch für die Internetradionutzung haben sich in den letzten Jahren gleichzeitig stetig erhöht, sodass die Klangqualität mittlerweile vergleichbar ist.
Das klassische Radio via Antenne, Kabel oder Satellit ermöglicht neben der Klangübertragung lediglich die Übermittlung einiger weniger programmbegleitender Informationen. Das Radio Data System (RDS) erlaubt beispielsweise die Anzeige von Sendername, aktuellem Musiktitel, Gefahrenmeldungen oder Programmkategorie. Der Radiotext ist als Erweiterung der RDS-Technologie zu betrachten, der hauptsächlich umfangreichere Textinformationen auf das Radio-Display liefert. Daneben operiert der Verkehrsfunk, der kurze Impulse aussendet, die beim Radioempfänger die Justierung der Lautstärke auslösen können.

Die Möglichkeiten des Internetradios wuchsen mit der ihm zu Grunde liegenden Infrastruktur. Das betrifft zunächst die Klangqualität, aber auch und vor allem den Angebotsumfang der Stationen. Zusätzlich zum Live Streaming, also der ununterbrochenen Datenübertragung in Echtzeit, besteht die Möglichkeit des Angebots von visuellen Zusatzinhalten - ebenfalls als Live Stream oder zum Download. Detailliertere Ausführungen zum Thema Podcast finden sich in Absatz 3.2.3. im weiteren Verlauf dieser Arbeit. Somit kann das Internetradio durch angebotene Zusatzinhalte einen Mehrwert liefern, für den das klassische Radio keine Verbreitungsmöglichkeit hat. „Gezielt und individuellen Bedürfnissen entsprechend kann sich der Hörer sein eigenes Radioprogramm zusammensetzen. Auch inhaltlich kann das Internetradio gegenüber dem klassischen Hörfunk einen Mehrwert vermitteln, indem die Audioübertragung durch visuelle programmbegleitende oder programmunabhängige Angebote ergänzt wird. Beispielsweise können zum Live Stream Informationen zum laufenden Musikstück (Angaben zum Künstler, Tourneedaten, Chartplatzierung übertragen werden)."[113] Nicht zuletzt ermöglichen die Zusatzangebote eine bessere Identifikation des Nutzers mit ‚seiner' Station.

Der geringere Kostenaufwand bei der Produktion und Distribution von Internetradio ermöglicht die Ansprache kleinerer Zielgruppen und Teilöffentlichkeiten als dies beim klassischen Radio der Fall ist: „Insbesondere wurde der Markt für Sparten- und Special-Interest-Programme geöffnet, die sich an eine sehr kleine Zielgruppe richten und in der UKW-Verbreitung aufgrund der hohen Kosten nicht hätten überleben können. In diesem Zusammenhang wird auch der Begriff ‚Mesomedium' verwendet, da mit dem Internet die Makro- und Mikroebene um eine weitere ‚rentable Kommunikationsebene' für elektronische Medien erweitert wurde, die zwischen Individual- und Massenkommunikation steht."[114]

Wenngleich mit Internetradio theoretisch unbegrenzte, globale Reichweiten erzielt werden können, so stellt deren Grenzen dennoch die Verbreitung von Strom- und Internetanschlüssen und geeigneter Endgeräte sowie die Leistungsfähigkeit des entsprechenden Servers sowie ggf. der genutzten Mobilfunkzelle dar. Das konventionelle Radio erzielt zwar hohe Reichweiten, dies jedoch aus physikalischen Gründen und wegen der hohen Verbreitungskosten nur regional begrenzt.

Auch in der Nutzungsintensität zeigen sich signifikante Unterschiede: Lag 2007 die Verweildauer bei Internetradio im Schnitt bei 98 Minuten am Tag[115], so kommt das konventionelle Radio hier laut Media-Analyse auf 241 Minuten pro Tag (jeweils Mo-So).[116]

Aus den geringen Kosten resultiert ein heute nahezu unüberschaubar großes Angebot an Internetradio-Stationen, was in Verbindung mit der soeben erwähnten spezifischeren inhaltlichen Ausrichtung der Kanäle ein vielfältigeres Programmangebot nach sich zieht, als dies die UKW-Skala ermöglichte. Somit erlaubt Internetradio eine individuellere Befriedigung spezieller, wenig massentauglicher inhaltlicher und musikalischer Vorlieben. Dazu gehören z.B. auch reine Musiksender, denen aufgrund medienpolitischer Auflagen für die terrestrische Verbreitung keine Lizenz erteilt worden wäre.

---

[113] Popp (2008): 26
[114] Goldhammer, Klaus (2001): Radiowelten im Internet – Angebote, Anbieter und Finanzierungsmöglichkeiten. In: Rösler, Peter / Vowe, Gerd / Henle, Viktor (Hrsg., 2001): Das Geräusch der Provinz – Radio in der Region. München. Zit. in: Popp (2008): 26
[115] vgl. ARD/ZDF-Onlinestudie (2009)
[116] vgl. Klingler / Müller (2007): 462

Von den geringeren Produktionskosten profitiert der Hörer des Weiteren dadurch, dass viele Internetstationen keine oder vergleichsweise wenig Werbung ausstrahlen. Die Werbung wird in der Medienberichterstattung häufig als Manko des konventionellen Massenhörfunks betrachtet, ungeachtet der Tatsache, dass sie bei privaten Stationen die existenzielle Einnahmequelle darstellt.[117] Die Bedeutung von konventionellem und Internetradio als Werbeträger unterscheidet sich ebenfalls, für Details hierzu sei auf das folgende Kapitel verwiesen.

Zusammengefasst kommt das Internetradio inhaltlich und strukturell ohne einige der dem konventionellen Radio nachgesagten Nachteile aus und bietet gleichzeitig mehr programmliche Vielfalt. Über seine Übertragungswege, ein wesentliches Unterscheidungskriterum zum konventionellen Hörfunk, ermöglicht es nicht zuletzt aufgrund seiner weiter ausdifferenzierten Spezialisierung und seines umfangreicheren Programmspektrums ein verändertes Radionutzungsverhalten. So erfolgt die Nutzung des konventionellen Radios über ebenso konventionelle Endgeräte, aber auch über etwas ausgefallene Wege wie Mobiltelefone, Armbanduhren, Radiowecker und Kleidungsstücke (z.B. Mützen mit Radioempfänger). Internetradio hingegen setzt per Definition eine Anbindung an das weltweite Datennetz voraus, wobei mit der Möglichkeit der Internetradionutzung nicht zwangsläufig auch die Möglichkeit der Nutzung des allgemeinen Internets gegeben sein muss. In Kapitel 3.2.1.4. werden die Verbreitungswege von Internetradio näher beschrieben.

3.2.1.3. Distribution, Markt

Während Anbieter von Internetradio anfangs nicht nur mit einem kleineren Nutzerkreis des Internets generell zu kämpfen hatten, sondern auch mit einer unübersichtlichen Struktur des Netzes, langsamen Datenverbindungen und unklaren rechtlichen Rahmenbedingungen, so hat sich im Laufe der letzten Jahre eine Anbieterstruktur herausgebildet, die ein diversifiziertes Angebot zur Verfügung stellt.
Die verschiedenen Angebote auf dem Internetradio-Markt fasst Popp (2008) in vier Kategorien zusammen: klassische Hörfunksender (Simulcaster), Internet-Only-

---

[117] vgl. Stock (2005)

Sender (Webradios/Internetradios), Aggregatoren und Musikportale[118], wobei letztere in dieser Arbeit im Kapitel Online-Radiodienste (3.2.2.) behandelt werden. Klassische Hörfunksender strahlen demnach ihr Programm in erster Linie über UKW aus, bieten jedoch parallel einen Live Stream über das Netz an. Da sie beide Verbreitungswege simultan nutzen, werden sie auch als Simulacster bezeichnet. Sie suchen in der Online-Verbreitung eine Erweiterung ihres Hörerkreises und streben gleichzeitig eine festere Bindung der Hörer an ihr Programm an, indem sie ihnen dort z.B. Zusatzinformationen oder Beiträge zum zeitsouveränen Abruf anbieten. Alle öffentlich-rechtlichen und fast alle privaten klassischen Radiosender bieten dies an.[119] Für ein solches Angebot spricht aus Sicht der Programmveranstalter die Tatsache, dass das Programm ohnehin produziert wird und mit der parallelen Verbreitung via Live Stream nur geringe Zusatzkosten verbunden sind. So können sie ihren Wettbewerbsvorteil im Internet ausbauen, da ja Inhalte, Marke und günstige Werbeplattform mit dem eigenen Programm bereits existieren.[120] Ihre ökonomische Situation wird im Wesentlichen durch die Abwicklung des konventionellen Radiogeschäfts determiniert, also in erster Linie durch die Werbebuchungen im laufenden Programm und weniger durch den Online-Auftritt.

Internet-Only-Sender (synonym als Webradios oder Internetradios bezeichnet) produzieren ausschließlich für das Internet. Ihre Definition wurde bereits im vorangegangenen Absatz geliefert. Wenngleich die GEMA im Oktober 2007 nur 1219 Webradios listet, welche die hauseigenen Kriterien erfüllen[121], so ist doch davon auszugehen, dass die reale Zahl weit darüber liegt, da die GEMA-Definition Wortprogramme auslässt, nicht jeder Anbieter sich sofort bei der GEMA registrieren lassen wird und ausländische Anbieter ohnehin nicht erfasst werden. Weltweit schätzt Böckelmann (2006) die Zahl der Internet-Only-Stationen auf bis zu 100.000.[122] Unter ihnen finden sich viele reine Musikstationen, u.a. weil sie nicht an inhaltliche Auflagen gebunden sind. Ihre wirtschaftliche Lage ist oft angespannt. Die Gründe hierfür liegen im relativ geringen Bekanntheitsgrad, den zu entrichtenden Abgaben an die GEMA, den Produktionskosten und – als ausschlaggebendes Kriterium – in der geringen Resonanz der Werbeindustrie.[123]

---

[118] vgl. Popp (2008): 26
[119] vgl. Popp (2008): 27
[120] vgl. Goldhammer / Zerdick (1999): 277
[121] vgl. Böckelmann, F. et al. (2006): Hörfunk in Deutschland – Rahmenbedingungen und Wettbewerbssituation. Bestandsaufnahme 2006. Berlin. In: Popp (2008): 30
[122] vgl. Böckelmann, F. et al. (2006): Hörfunk in Deutschland – Rahmenbedingungen und Wettbewerbssituation. Bestandsaufnahme 2006. Berlin. In: Popp (2008): 30
[123] vgl. Popp (2008): 30

Denn auch wenn die Hörer von Internetradio dies gerade so schätzen - aus der Anbieterperspektive ist die weitgehende Werbefreiheit oft unfreiwillig, zumal die zielgruppengenaue Ansprache ohne Streuverluste für die Werbung interessant sein kann.

Stellt man die Werbemärkte von Internetradio und konventionellem Radio gegenüber, so zeichnet sich ein deutlicher Abstand in der Bedeutung der beiden Werbeträger ab, wenngleich vergleichbare Zahlen nicht vorliegen. So lag der Umsatz mit konventioneller Hörfunkwerbung 2005 bei rund 1,2 Milliarden Euro[124], während sich der dezidierte Internetradio-Werbemarkt leider mangels dezidierter Ausweisung nicht quantifizieren lässt. Der gesamte Werbemarkt Internet wird vom Marktforschungsunternehmen Nielsen Media Research im Jahre 2005 auf ein Volumen von 1,65 Milliarden Euro geschätzt. Damit hat das Internet das Radio als viertgrößten Werbeträger in Deutschland abgelöst.[125]

Aggregatoren offerieren selbst kein Radioprogramm im eigentlichen Sinne, sondern sie bündeln die Angebote vieler verschiedener Internetstationen. Sie wollen damit ihren Nutzern einen besseren Überblick und eine Orientierungshilfe bieten und damit Profite erwirtschaften. Als Beispiel sei an dieser Stelle radio.de angeführt. Über das Portal des Hamburger Unternehmens konnten im November 2009 insgesamt 4118 Sender abgerufen werden.[126] Mit Menüs lässt sich das Portfolio nach Sprache, Thema, Musikrichtung oder Herkunftsland der Sender strukturieren und selektieren. Dabei reicht das Angebot vom konventionellen Deutschlandfunk aus Berlin bis hin zum Underground-Hiphop-Sender aus Trinidad und Tobago.

Allen vier Anbietertypen nach Popp ist das große Potenzial gemein: Die Zahl der Internet-Nutzer weltweit liegt bei 1,7 Milliarden und steigt nach wie vor.[127] Die Endgeräte für Internetradio werden handlicher, intuitiver, preiswerter – und: Sie lösen sich vom PC. Nicht zuletzt fallen auch die Kosten für Breitband-Datenübertragung.

---

[124] vgl. Heffler (2005): 50
[125] vgl. Mediadefine.de (2009)
[126] vgl. radio.de
[127] vgl. Internet World Stats (2009)

3.2.1.4. Nutzungsparameter

Generell steigt die tägliche Verweildauer im Internet weiter an, sie liegt 2009 bei 136 Minuten, wobei 72 Prozent aller Deutschen ab 14 Jahren das Internet täglich nutzen. Rund 87 Prozent gehen über eine DSL-Flatrate ins Netz.[128]
Die Audionutzung (Internetradio, Musik- und Audiodatei-Download sowie Podcasting zusammen) hat dabei um 14 Prozent auf jetzt 51 Prozent aller Internetnutzer zugenommen. „Vor allem die wöchentliche Nutzung lässt auf einen habitualisierten und routinierten Umgang mit audiovisuellen Angeboten (34 Prozent Video- und 29 Prozent Audionutzung) schließen. Jüngere User und Männer sind bei der Nutzung der multimedialen Angebote erwartungsgemäß am aktivsten. Die ‚Generation Internet' wächst mit digitalen Medien auf, und das Internet ist aus ihrem Alltag nicht mehr wegzudenken."[129]

Nach Angaben der aktuellen Langzeitstudie Massenkommunikation greifen 25 Prozent der Onlinenutzer zumindest gelegentlich auf Live-Internetradio zurück, 12 Prozent davon mindestens einmal pro Woche.[130] Die durchschnittliche tägliche Verweildauer bei Internetradio lag bereits 2007 bei 98 Minuten. „Insgesamt fristet die Nutzung von Internetradio jedoch gemessen an der Tagesreichweite und Tageshördauer des terrestrisch verbreiteten Radios nach wie vor ein Nischendasein, was u.a. darauf zurückzuführen ist, dass die meisten Hörer das Internetradio noch nicht ortsungebunden nutzen können, sondern auf den heimischen PC angewiesen sind. Zumindest äusserten 2007 schon 23 Prozent der Onlinenutzer sehr großes Interesse an mobilem Radioempfang über das Handy, 17 Prozent sehr großes Interesse an mobilem Radiohören über den Laptop, und 9 Prozent würden sehr gern mobil über ihren Organizer das Radio nutzen."[131] Diese Entwicklung könnte sich in den folgenden Jahren sukzessive vollziehen, wie im weiteren Verlauf dieser Arbeit dargelegt werden wird.

Befragte Nutzer von Internetradio gaben als Hauptargumente für die Nutzung an, dass sie ohnehin online seien (76 Prozent) oder dass ihnen das Internetradio eine

---

[128] vgl. van Eimeren / Frees (2009): 355
[129] van Eimeren / Frees (2009): 355
[130] vgl. ARD/ZDF-Onlinestudie (2009)
[131] Schramm (2008a): 60

größere Programmauswahl biete (50 Prozent).[132] Da Hartmann et al. sich auf die Untersuchung von Musikbeschaffungswegen konzentrierten, analysierten sie ferner die Nutzungsmotive des Internetradios von Personen, die ein reines Musikprogramm präferierten, auch weil sie zu der Erkenntnis gelangten: „Die Befragten nehmen zunächst an, in Internet-Radios in hohem Maße ihre bevorzugte Musikrichtung zu finden."[133]

Abb. 7: Nutzungsmotive des Internetradios von Personen, die ein reines Musikprogramm präferieren (Mittelwerte, absteigend sortiert für gesamt, M=Mittelwert, SD=Standardabweichung)

Ich höre Internetradio, weil …	M	SD
ich die Musikrichtung finde, die mir gefällt.	4,68	,87
ich sowieso im Netz bin.	4,09	1,14
ich die Angebote zu einem von mir bestimmten Zeitpunkt hören kann.	3,59	1,43
dort keine Werbung läuft.	3,48	1,42
ich mit dem Sender/den Moderatoren direkt in Kontakt treten kann.	3,26	1,51
ich Sender aus einem anderen Land hören kann.	3,06	1,51
ich Zusatzinformationen zum Interpreten erhalten kann.	2,71	1,39
ich meine eigene Playlist erstellen kann.	2,53	1,45
ich die Musik auf meinem Computer speichern kann.	2,50	1,46
ich über Foren oder Chats zu anderen Hörern Kontakt aufnehmen kann.	2,40	1,4
ich bildliche Zusatzinformationen (z. B. Cover der CD) erhalten kann.	1,90	1,21

Basis: Vielnutzer von reinen Musik-Onlineradios (n = 252), Skala von 1 = „trifft gar nicht zu" bis 4 = „trifft voll und ganz zu"

Quelle: Hartmann et al. (2009): 116

Die Autoren der Studie weisen auf einen limitierten Erkenntnisrahmen aufgrund der gewählten Methode einer Online-Befragung hin, hauptsächlich weil keine anderen Zugangswege abgefragt wurden.

Es überrascht zunächst nicht, dass auch beim Internetradio der Haupteinschaltfaktor die Musik zu sein scheint, kommt doch auch im konventionellen Radio der Musik die entscheidende distinguierende und charakterisierende Bedeutung bei der Programmgestaltung zu. Doch haben die Nutzer von Internetradio offenbar gezielte Erwartungen an die gespielte Musikrichtung, eine Erwartung, die das Internetradio, anders als der konventionelle Massenhörfunk, eher erfüllen kann

---

[132] vgl. Hartmann et al. (2007): 114
[133] Hartmann et al. (2007): 115

(siehe Absatz 3.2.1.2.). Dieses Charakteristikum könnte sich als entscheidend erweisen, wenn es um die Erfolgsaussichten von Internetradio und die Frage einer Individualisierung der Hörgewohnheiten geht – und damit um die Entwicklungsparameter des deutschen Radiomarktes.

Die Tatsache, dass Internetradio zu einem Großteil während des Surfens im Internet gehört wird, liegt auf der Hand. Der Aspekt der zeitsouveränen Nutzung ist insofern auf das konventionelle Radio übertragbar, als ein pausenloses und stets verfügbares Programmangebot auch dort gewährleistet ist.

Wenngleich aufgrund der teilweise erst relativ kurz zurück liegenden Markteinführung noch wenig erforscht, erfolgt der Zugang zu Internetradio derzeit im Wesentlichen über drei Wege: Entweder wandelt ein PC den durch eine physische Leitung fließenden, permanenten Datenstrom (Live Stream) in Audiosignale um oder die Übertragung erfolgt zunächst auf diesem Wege und wird anschließend über ein lokales Funknetzwerk (WLAN, Wireless Local Area Network) zum begrenzt mobilen Endgerät wie WLAN-Radio, Laptop oder dem heimischen Multimedia-Server weitergeleitet. Als dritte wichtige Variante steht seit 2009 auch das Live Streaming von Daten über den Breitband-Mobilfunkstandard UMTS zur Verfügung, welcher die Daten ebenso in Echtzeit an gänzlich mobile Endgeräte wie Mobiltelefone, Laptops oder indirekt auch an Autoradios übermittelt (WWAN, Wireless Wide Area Network). Die drei Optionen sollen im Folgenden kurz vorgestellt werden.

Via Desktop-PC

Diese älteste Zugangsvariante zu Internetradio bedient sich auf Nutzerseite der Ausstattung eines handelsüblichen Multimedia-PCs, wie er sich seit Ende der 90er-Jahre im Umlauf befindet. Über ein entsprechendes Modem wird eine Datenverbindung in das Internet hergestellt. Eine Software zum Abspielen von Medien wie beispielsweise Windows Media Player, Real Player oder QuickTime greift einen Link auf, der durch den Internet-Nutzer klassischerweise in einem Browser-Fenster auf der Website des Radiosenders oder eines Aggregators angewählt wird. Aus dieser Online-Quelle bezieht der jeweilige Media-Player einen permanenten Datenstrom, den er in Audiosignale umwandelt, welche schließlich über angeschlossene Kopfhörer, Lautsprecherboxen oder eine Stereoanlage wiedergegeben werden. Angesichts der Leistungsfähigkeit eines Großteils der verwendeten Rechner und der hohen Verbreitung von Breitbandverbindungen sind der Nutzung von Internetradio über den Desktop-PC in Deutschland heute meist keine technischen Grenzen gesetzt.[134]

Allerdings ergibt sich aus der Bindung an den stationären Computer ebenso eine räumliche Immobilität in der Nutzung. Nicht zuletzt deshalb weist z.B. die im vorangegangenen Kapitel erwähnte Studie von Hartmann et al. hohe Nutzungswerte parallel zur generellen Internetnutzung (,Surfen') auf.[135]

Bliebe Internetradio an den stationären Desktop-PC gebunden, so ergäbe sich daraus kein übergreifendes Konkurrenzpotenzial zum konventionellen Radio, wenn man all dessen Nutzungsparameter (vor allem die räumlich ungebundene Nutzung, z.B. im Auto) berücksichtigt.

Die Nutzung von Internetradio hat sich jedoch indes von der PC-Nutzung entkoppelt.

Via WLAN-Endgerät (iRadio, Laptop)

Seit wenigen Jahren befinden sich Empfangsgeräte für Internetradio auf dem Markt, die ohne einen kompletten Multimedia-PC im Hintergrund auskommen. In ihrer Funktionsweise sind diese Endgeräte teilweise dahingehend eingeschränkt, dass sie keine Nutzung des allgemeinen Internets, also des vollen World Wide Web erlauben. Beispiele für diese Art von Endgeräten sind Laptops, Spielekonsolen oder entsprechende Radiogeräte, so genannte iRadios, wovon ein Modell in diesem Absatz näher vorgestellt werden soll.

Wenngleich auch aktuelle Mobiltelefone teilweise in der Lage sind, an ausreichend versorgten Orten eine Onlineverbindung via WLAN aufzubauen, sollen sie doch im folgenden Kapitel behandelt werden – in der Kategorie ,UMTS-Endgeräte', die alle vollkommen mobilen Endgeräte beschreibt, denn diese Mobiltelefone erfüllen dann zumeist auch die Anforderungen dieser Kategorie.

Das lokale Funknetzwerk (WLAN) stellt lediglich das letzte Stück der physischen Internetverbindung dar. Die Anbindung des versorgten Ortes erfolgt zumeist, wie bei herkömmlichen Kabelverbindungen der Endgeräte auch, über einen DSL-Breitbandanschluss. Auch wenn die entsprechenden Geräte aufgrund der limitier-

---

[134] vgl. Goldhammer/Zerdick (1999): 51f.
[135] vgl. Hartmann et al. (2007): 115

ten WLAN-Reichweite nur eine begrenzte Mobilität erfahren, so erlauben sie doch eine Internetradio-Nutzung, die unabhängig vom PC erfolgt und dessen laufenden Betrieb oft nicht einmal mehr voraussetzt. Die Verbreitung des Signals in einem Umkreis von ca. 30 Metern übernimmt ein WLAN-Router, sodass das Empfangsgerät wie beispielsweise ein iRadio auch an einigen originären Orten der Hörfunknutzung eingesetzt werden kann - sei es im Bad, in der Küche, im Hobbykeller oder im Garten. Die Geräte existieren in verschiedenen Ausführungen, vom kleinen Küchenradio über den Tuner als HiFi-Baustein bis hin zur kompletten Stereoanlage mitsamt Lautsprechersystem.

Abb. 8: Internetradio-Anlage mit Fernbedienung für die Steuerung mehrerer Räume

Quelle: Sonos.de (2009)

Laut ARD/ZDF-Onlinestudie 2009 verfügen 16 Prozent der Onlinenutzer ab 14 Jahren in Deutschland über ein Internet-Radiogerät, im Vorjahr waren es noch 14 Prozent.[136] Angeboten werden sie bei den großen Elektronikmärkten ebenso wie über den Versandhandel oder in Supermärkten. Dies zeigt, dass sie somit kein Expertenprodukt mehr darstellen, welches nur Eingeweihte über spezielle Quellen beziehen können.

Die WLAN-Nutzung per Laptop ermöglicht bei Internetradio prinzipiell den gleichen Funktionsumfang wie per iRadio. Die Bedienung des Computers und die Orientierung auf der Suche zu geeigneten Radioinhalten gestaltet sich dort jedoch schwieriger. Daneben sind Laptops verglichen mit iRadios empfindlicher gegenüber äußeren Einwirkungen wie Erschütterungen, Staub und Feuchtigkeit. Dies macht das iRadio auch aufgrund der Anschaffungskosten zur günstigeren Alternative für Internetradio-Nutzer.

---

[136] vgl. van Eimeren & Frees (2009): 351

Via UMTS-Endgerät (Mobiltelefon, Autoradio, Laptop etc.)

Der Mobilfunkstandard UMTS erlaubt auch abseits von Festnetzleitungen und WLAN-Netzen eine Internetanbindung mit Übertragungsraten, welche die mobile Nutzung von Internetradio möglich und komfortabel machen.

Geeignete Mobiltelefone gestatten mitunter gleich auf mehreren Wegen die Nutzung von Internetradio: Verfügt das Gerät über ein integriertes WLAN-Modul, so baut es bei Verfügbarkeit eine Internetverbindung auf diesem Wege auf, was die räumliche Nutzungseinschränkung beinhaltet, dafür jedoch meist Kostenvorteile mit sich bringt. Die Mobilität bei der Internetnutzung erweitert sich enorm, wenn die Verbindung auf UMTS-Basis hergestellt wird. Einzige Einschränkung stellen nun ggf. schlecht versorgte Gebiete, Tunnel oder abgeschirmte Gebäude wie Kinos oder Krankenhäuser dar.

Darüber hinaus erlauben Mobiltelefone teilweise auch UKW-Empfang. Je nach Menüführung erfolgt der Zugriff auf Internetradio via Handy mehr oder weniger intuitiv. Apples iPhone z.B. bietet mit den Applikationen von Radiostationen oder Aggregatoren Oberflächen, die auch für die Programmanbieter an wirtschaftlicher Bedeutung gewinnen, da sie für wenige hundert Euro erhältlich sind und die Vermarktung von Werbebannern auf Wunsch bereits integriert ist.[137]

Abb. 9: iPhone-App von 90elf – Dein Fußball-Radio (Screenshot)

Quelle: Patalong (2009)

---

[137] vgl. Radioszene.de (2009)

Sie erlauben es, die Vorteile von Internetradio (Existenz eines Rückkanals, Bereitstellung von Zusatzinformationen etc.) voll auszuspielen, auch wenn dies nicht von allen Radiosendern genutzt wird. „90elf - Dein Fußball-Radio" bietet z.B. Spielstände, Tabellen und Programmübersichten direkt abrufbereit auf dem Display (Abb. 9).

Die ersten Internet-Autoradios sind zwar keine originären UMTS-Endgeräte, dennoch müssen sie an dieser Stelle Erwähnung finden. Sie bedienen sich vorgeschaltet der UMTS-Technologie eines Mobiltelefons, zu dem über den lokalen Funkstandard Bluetooth eine drahtlose Verbindung innerhalb des Fahrzeugs hergestellt wird. Somit hält Internetradio Einzug in eine klassische Domäne des konventionellen Radios, das sich aufgrund seines Servicecharakters mitsamt Verkehrsinformationen und der Ausrichtung auf die Nutzung während des Autofahrens auch nach Jahrzehnten noch einen festen Platz in den Mittelkonsolen moderner Fahrzeuge bewahrt hat. Die Radiohersteller haben dabei ihrerseits die Entwicklungen der Digitalisierung von der CD über MP3 bis hin zur notwendigen Konnektivität der Geräte mit begleitet und ihre Angebotspaletten weiterentwickelt.

Der Hersteller Blaupunkt will in Kürze die ersten zwei Internet-Autoradios auf den Markt bringen.[138] In Kooperation mit einem australischen Webradio-Aggregator sollen damit rund 4000 Stationen rauschfrei verfügbar sein. Bedingung ist das Vorhandensein eines UMTS-Mobiltelefons mit Bluetooth-Funktionalität und die entsprechende Netzabdeckung.

Die WWAN-Nutzung via Laptop über die bestehenden Mobilfunknetze wird ermöglicht bzw. befördert durch angebotene Flatrate-Tarife, welche die Übertragung der erforderlichen Daten zum Pauschalpreis erlaubt. Somit gestaltet sich die Internetradio-Nutzung auf dem per WWAN angebundenen Laptop ähnlich wie auf dem herkömmlich angebundenen Desktop-PC – nur ohne räumliche Bindung an einen Anschluss per Kabel oder WLAN. Telefonie ist über WWAN nur über bestimmte Zusatzsoftware möglich (so genanntes Voice over IP) und von den Mobilfunkanbietern meist aus wirtschaftlichen Gründen unerwünscht.[139]

Van Eimeren und Frees stellen bei ihrer Analyse der ARD-ZDF-Online-Studie 2009 fest, dass trotz wachsender Mobilität der Gesellschaft und der voranschrei-

---

[138] vgl. BLAUPUNKT (2009)
[139] vgl. Handyscout.de (2009)

tenden Verbreitung von internetfähigen Endgeräten die mobile Internetnutzung nicht zugenommen hat: Der Anteil der Internetnutzer, die unterwegs online gehen, liegt 2009 wie 2008 bei elf Prozent, auch die absolute Zahl legte nur wenig zu, von 4,7 Millionen im Jahre 2008 auf 4,95 Millionen im Jahre 2009.[140] Hierbei ist zu berücksichtigen, dass bei mobiler Internetnutzung im Sinne der ARD/ZDF-Onlinestudie nicht an die reine Nutzung von Internetradio als eingeschränkte Internet-Nutzung gedacht ist, sondern an die Verwendung eines Browsers, der ganze Seiteninhalte darstellen kann.[141]

Auch wenn in den ARD/ZDF-Onlinestudien der letzten drei Jahre keine spezifische Unterscheidung zwischen den genutzten Mobilfunkstandards UMTS (Breitband) und GSM vorgenommen und auch nicht speziell auf die Nutzung von Audiodiensten fokussiert wurde, so geben sie doch Auskunft darüber, welche mobilen Zugangswege zum Internet mehrheitlich genutzt werden.

Abb. 10: Genutzte Internetzugänge unterwegs, 2007-2009, in Prozent. Basis: Mobile Onlinenutzer ab 14 Jahren in Deutschland (2007: n=89, 2008: n=126, 2009: n=138)

	2007	2008	2009
Laptop	61	63	67
Handy	37	38	38
Organizer, Handheld, PDA, MP3-Player usw.	15	5	6
Spielekonsole	-	0	0
anderes Gerät	4	2	5

Quelle: eigene Darstellung, nach ARD/ZDF-Onlinestudien 2007-2009. In: van Eimeren /Frees (2009): 351

So werden sich dank Internetradio nicht nur das Angebot, sondern auch die Optionen seiner Nutzung vervielfältigen. Popp (2008) konstatiert: „Neue Empfangsgeräte, die eine Überall-Nutzung ermöglichen, neue Angebote, die einen zeitsouveränen Umgang mit den Radioinhalten möglich machen, können individuelle Ansprüche besser befriedigen. Das Radio der Zukunft wird noch präsenter sein, weil es sich jedem Tagesablauf anpassen kann."[142] Frank Patalong (2009) sieht in neuen Endgeräten wie den iRadios den „Vorgeschmack auf die unmittelbare Zukunft:"[143] Nach eingehenden Tests kommt er zu dem Schluss: „Im direkten

---

[140] vgl. van Eimeren / Frees (2009): 351
[141] vgl. van Eimeren / Frees (2009): 351
[142] Popp (2008): 31
[143] Patalong (2009)

Vergleich zwischen Internet- und herkömmlichem Radio hat das Antennengerät keine Chance,"[144] denn wer das WLAN-Gerät nutze, der lande „automatisch da, wo es ihm besser gefällt."[145]

3.2.2. Online-Radiodienste

Konzentrierten sich die bisherigen Kapitel dieser Arbeit meist auf rein linear verbreitete Programme, bei denen dem Hörer zwar die Wahl der Station überlassen ist, nicht jedoch die individuelle Zusammenstellung des jeweiligen Programms, so sollen an dieser Stelle die interaktiven Angebote der Online-Radiodienste Erwähnung finden, die soziale Software mit einem radioähnlichen Angebot verbinden. Diese Dienste erfüllen nicht die Definition von Internetradio im Rahmen dieser Arbeit (siehe Kapitel 3.2.1.1.), da sie eine persönliche Programmzusammenstellung erlauben oder erstellen und somit eben nicht mehr jeder dasselbe hört.[146]

Als Beispiele für diese Entwicklung können u.a. die amerikanischen Dienste Pandora und Deezer dienen oder auch das 2002 von Deutschen und Österreichern gegründete Last.fm, wobei hier anhand des letzteren die Funktionsweise kurz erläutert werden soll.

Last.fm ist eine Online-Plattform, die ihren Nutzern die jeweilige Lieblingsmusik vorspielt, dabei jedoch auch ähnliche Songs, nahegelegene Konzerte oder andere Nutzer mit ähnlichem Geschmack („musikalische Nachbarn"[147]) empfehlen will. Als Basis hierfür fungieren die Eingaben musikalischer Vorlieben durch den Nutzer. Dieser gibt mindestens einen Musiktitel an. Die Software bietet daraufhin diesen Titel zum (eventuell kostenpflichtigen) Hören oder Herunterladen an, ermöglicht aber in erster Linie das Einschalten eines Programms, welches sich musikalisch an der Eingabe des Nutzers orientiert.[148] So spielt Last.fm dann Songs, die dem genannten Titel ähneln, vom gleichen oder auch von musikalisch verwandten Interpreten stammen oder aber von Nutzern gemocht wurden, die ursprünglich einmal denselben, anfangs eingegebenen Titel hören wollten. Um die angebotene

---

[144] Patalong (2009)
[145] Patalong (2009)
[146] vgl. Popp (2008): 28
[147] Last.fm (2009a)
[148] vgl. Last.fm (2009a)

Musik besser den Wünschen des Nutzers anzupassen, unternimmt Last.fm weitere Schritte: Während des Hören kann man einen Titel „lieben"[149], „bannen"[150], stoppen oder überspringen. Die Software merkt sich das Hörverhalten und wird den Titel künftig entsprechend häufiger oder seltener im Programm anbieten. Wer sich bei Last.fm registriert und anmeldet, der kann auch ein Programm namens Scrobbler herunterladen, welches sich als so genanntes Plug-In in die genutzten Medien-Abspielprogramme auf dem PC des Nutzers integriert und den kompletten Verlauf der Musiknutzung speichert und auswertet, um darauf aufbauend das künftig angebotene Programm abzustimmen – mit einer Mischung aus beim Hörer beliebten Hits, ähnlichen Songs, die von musikalischen Nachbarn sehr geschätzt werden und unbekannten Titeln, die sich jedoch in den Geschmack des Nutzers gut einfügen sollten. Die Software hinter Last.fm lernt so gewissermaßen mit jedem gespielten Titel hinzu und bietet dem Nutzer eine immer besser auf seinen Geschmack abgestimmte Musikauswahl – ein „personalisiertes, visuelles Radio."[151]

Dieser Dienst ist in Deutschland, Großbritannien und den USA kostenfrei, andernorts fallen Gebühren an. Er finanziert sich über diese Nutzungsgebühren, Werbung, den Verkauf von Musik und Konzertkarten sowie über Spenden.

Last.fm ist auch via WLAN mit einigen Mobiltelefonen sowie mit einigen WLAN-Radios nutzbar.[152] Das Unternehmen gibt die Zahl der Last.fm-Nutzer mit rund 30 Millionen an.[153]

Empirische Daten über die dezidierten Auswirkungen der Nutzung von Last.fm auf die konventionelle Hörfunknutzung liegen derzeit noch nicht vor.

3.2.3. Podcasting

Der Begriff Podcasting existiert erst seit dem Jahr 2001. Als Namensgeber dient der tragbare Medien-Player iPod des kalifornischen Computerherstellers Apple, dessen Technik in Verbindung mit einer zugehörigen Computersoftware zum Zeitpunkt seines Marktstarts erstmals einen einfachen, komfortablen und auf Wunsch auch regelmäßigen Download von Audioinhalten aus dem Internet auf ein

---

[149] Last.fm (2009a)
[150] Last.fm (2009a)
[151] Last.fm (2009a)
[152] vgl. z.B. Last.fm (2009b)
[153] vgl. Last.fm (2009c)

mobiles Abspielgerät ermöglichte. Er wurde seither mehrfach weiterentwickelt und ermöglicht mittlerweile auch die Wiedergabe von Videoinhalten sowie die Internetnutzung, die aufgrund der unterschiedlichen Rezeption hier jedoch nicht im Mittelpunkt der Betrachtung stehen soll.

Somit ist die Bezeichnung Podcast eine Zusammensetzung aus den Begriffen iPod und Broadcast, mit der zum Ausdruck kommen soll, das ausgestrahlte (oder über das Internet verbreitete) Inhalte für diese besondere Verwendung und Nutzung auf einem mobilen Abspielgerät vorbereitet oder gar produziert wurden.[154] Dabei werden Podcasts abonniert und zu bestimmten Zeiten mit Hilfe einer Software automatisch auf den Computer heruntergeladen, wo sie dann bei der nächsten Verbindung mit dem mobilen Abspielgerät (z.B. iPod) auf dieses übertragen werden.

Podcasts ermöglichen einen zeitsouveränen Umgang mit Audio- und Videoangeboten, indem sie zu jeder Zeit und an jedem Ort genutzt werden können. Der Hörer/Zuschauer ist weder auf ein Radio- oder Fernsehgerät angewiesen, noch auf einen guten Empfang, noch auf die Einhaltung bestimmter Sendetermine.

Podcasts erlauben des Weiteren jedoch auch einen programmsouveränen Umgang mit den Angeboten: So kann der Nutzer eine individuelle und gezielte Zusammenstellung der gewünschten Inhalte vornehmen und auf einem Server archivierte Programmbestandteile abrufen. Intensive Nutzer stellen sich auf diese Art und Weise ein Programm zusammen, welches Komponenten aus unterschiedlichen inhaltlichen Kategorien enthält. So wird eine inhaltliche beziehungsweise musikalische Programmplanung einer Redaktion umgangen – der Nutzer wird so quasi sein eigener Programmchef. Anbieter von Podcasts können Hörfunksender, Tageszeitungen, Organisationen und Vereine oder Privatpersonen sein. „Dabei genießen die etablierten [...] Radioprogramme bei den Abonnenten ein hohes Renommee. Die Bekanntheit des Senders und die Vertrautheit mit den Inhalten sind dabei zentrale Auswahlkriterien."[155]

Besonders nachgefragt werden im Audiobereich dabei Inhalte aus den Bereichen Comedy und Kultur sowie Hörspiele.

---

[154] vgl. Berg & Hepp (2007): 28
[155] ARD/ZDF-Medienkommission (2007): 21

Abb. 11: Genutzte Podcasting-Inhalte von Radiosendern, gesamt, in Prozent

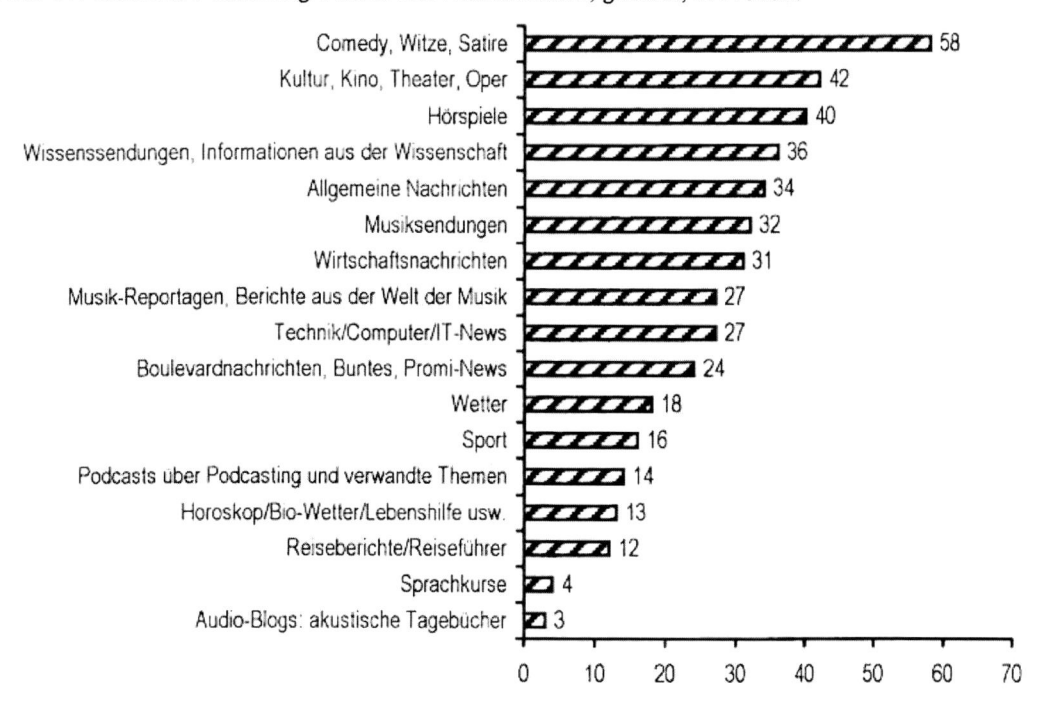

Kategorie	Prozent
Comedy, Witze, Satire	58
Kultur, Kino, Theater, Oper	42
Hörspiele	40
Wissenssendungen, Informationen aus der Wissenschaft	36
Allgemeine Nachrichten	34
Musiksendungen	32
Wirtschaftsnachrichten	31
Musik-Reportagen, Berichte aus der Welt der Musik	27
Technik/Computer/IT-News	27
Boulevardnachrichten, Buntes, Promi-News	24
Wetter	18
Sport	16
Podcasts über Podcasting und verwandte Themen	14
Horoskop/Bio-Wetter/Lebenshilfe usw.	13
Reiseberichte/Reiseführer	12
Sprachkurse	4
Audio-Blogs: akustische Tagebücher	3

Quelle: House of Research, Abbildung aus: Martens / Amann (2007): 549

Berg und Hepp skizzieren die Dimensionen des Phänomens Podcasting unter Berufung auf Apple Deutschland, über dessen Medienplattform iTunes im September 2006 weltweit rund 35.000 Podcasts zur Verfügung standen - bei sieben Millionen Abonnenten. Die Größe des jeweiligen Publikums variiert demnach zwischen einigen wenigen und mehreren Hunderttausend Personen.[156] Laut ARD/ZDF-Onlinestudie 2009 sind 56 Prozent der deutschen Online-Nutzer ab 14 Jahren im Besitz eines iPods oder MP3-Players, nur zwei Prozent der deutschen Online-Nutzer ab 14 Jahren nutzen allerdings auch tatsächlich einen abonnierten Audio-Podcast mindestens einmal pro Woche.[157]

Angesichts der voranschreitenden Entwicklung mobiler Datenübertragung, beispielsweise via WLAN oder UMTS, zitieren Berg und Hepp indirekt einen anonymen Experten der Plattenfirma Sony BMG. Seiner Meinung nach werden „in Zukunft überall gestreamte Inhalte mobil zu empfangen sein, was einen Download zu bestimmten Zeitpunkten, wie beim Podcasting, unnötig macht. In solchen

---

[156] vgl. Berg & Hepp (2007): 28
[157] vgl. van Eimeren & Frees (2009): 352

Szenarien erscheint die Distributionsplattform des Podcastings dann als reines Übergangsphänomen."[158]

Da Podcasting-Inhalte grundsätzlich auch stationär auf dem heimischen PC genutzt werden können, und da mobile Abspielgeräte neben der Nutzung von Podcasts auch weitere Anwendungen zulassen, werden Charakteristika und Nutzungspotenziale mobiler Medienabspielgeräte im Folgenden noch einmal separat behandelt.

3.2.4. Mobile Medienabspielgeräte

Im Jahre 2006 stellte Werres in einer Studie für das Marktforschungsinstitut tns infratest eine hohe Verbreitung von mobilen MP3-Abspielgeräten in Deutschland fest: Demnach waren 28,3 Prozent aller Deutschen ab 14 Jahren im Besitz eines solchen MP3-Players, MP3-fähigen Mobiltelefons oder PDAs (Personal Digital Assistant). In der Gruppe der 14-29-Jährigen liegt die Verbreitung gar bei rund 66 Prozent. Die Nutzer verwendeten ihr Gerät durchschnittlich 78 Minuten am Tag zum Hören von Musikdateien.[159] Die Verwendung der genannten Geräte ist mittels immer weiter verbreiteten Adaptern oder Schnittstellen auch im traditionell für das Radio wichtigen Rezeptionsumfeld Auto möglich.

Holger Schramm und Thomas Hägler hatten ein Jahr zuvor mittels einer länderübergreifenden Onlinebefragung in Deutschland und der Schweiz eruiert, inwiefern sich durch die Nutzung von MP3 Veränderungen im Medien- und Musiknutzungsverhalten erkennen lassen.[160] Im Ergebnis zeigt sich: „Auch das Radio scheint unter dem Konkurrenzdruck von MP3 zu leiden: 31 Prozent der Befragten geben an, weniger/viel weniger Radio zu hören, seitdem sie MP3 herunterladen oder nutzen, während nur zehn Prozent meinen, seitdem das Radio mehr/viel mehr zu nutzen."[161] Darin sehen Schramm und Hägler in erster Linie ein Durchschlagen von Substitutionseffekten, also des Austausches eines Mediums (Radio) gegen ein anderes (MP3) aufgrund rationaler Überlegungen. Weiter noch: Sie sehen gar „keine Kriterien mehr [...], auf denen das Radio gegenüber MP3

---

[158] Berg & Hepp (2007): 41
[159] vgl. Werres (2006): 13
[160] vgl. Schramm (2007): 120f.
[161] Schramm (2007): 133

noch nennenswert ‚punkten' dürfte"[162], da der Nutzer die Musikauswahl nicht selbst vornehmen und somit auch nicht von Pluspunkten der CD wie „Ansehen und Wert der Sammlung, Klangqualität, ‚stilvoll'"[163] profitieren könne.

Ungeachtet lassen sie damit die Option, dass der Hörer möglicherweise das Radio einschaltet, um sich eben gerade nicht im Minutentakt aktiv Gedanken über die Auswahl der Inhalte machen zu müssen. Insofern scheint dieser Vergleich nicht angemessen. Schramm und Hägler schränken jedoch ein, dass zur definitiven Erklärung der aufgetretenen Substitutionseffekte weitere Studien die Nutzungsaspekte von Radio und MP3 gegenüberstellen sollten.

Viele MP3-Player-Nutzer hören demnach also tendenziell weniger Radio. Damit zeichnet sich auch ein kausaler Zusammenhang ab und es erscheint zunehmend unwahrscheinlich, dass der MP3-Gebrauch lediglich die frühere mobile Nutzung von Kassetten und CDs ersetzt, was Werres noch vermutet.[164]

Dieser Tendenz diametral entgegen stehen wiederum Erkenntnisse der Media-Analyse 2007 Radio II. Sie belegen, dass gerade die Nutzer von MP3-Playern eine minimal überdurchschnittliche Radio-Hördauer von 187 Minuten (gegenüber 186 Minuten beim absoluten Durchschnittshörer) an den Tag legen[165]. Somit verweist die Media-Analyse auf additive Effekte bei der Nutzung von mobilem MP3-Gerät und Radio.

Zusammengefasst lassen diese umfangreichen Erhebungen also mit ihren unterschiedlichen Ergebnissen offen, ob und wie die Radionutzung nun tatsächlich durch neue, digitale und mobile Musikmedien beeinträchtigt wird.

---

[162] Schramm (2007): 135
[163] Schramm (2007): 135
[164] vgl. Werres (2006): 30
[165] vgl. Schramm (2008a): 37f.

4. Konsequenzen der neuen Technologien für das Hörnutzungsverhalten und die Radioindustrie

Die empirischen Studien und Erkenntnisse der Nutzungsforschung geben in unterschiedlicher Art und Weise Auskunft darüber, ob und in welcher Intensität das Aufkommen von Internetradio mit seinen soeben vorgestellten diversen neuen Nutzungsoptionen auf die Hörfunknutzung zurückwirkt.

Natürlich darf nicht unerwähnt bleiben, dass letztere sich unter dem Einfluss vieler verschiedener Variablen und gesellschaftlicher Trends verändert. Dazu zählt die demographische Entwicklung, die ein Sinken der Bevölkerungszahl und eine Alterung der Gesellschaft in den nächsten Dekaden bedeutet, was sich wiederum in einem kleineren Medienpublikum niederschlägt.[166] Doch noch ist nicht zu erkennen, dass die Werbeindustrie ihre Kampagnen und Medien auf neue Zielgruppen ausrichtet. Dies scheint einigen Experten unumgänglich.[167] Auch Einkommen, Arbeitszeit und Lebensstandard wirken sich auf das Mediennutzungsverhalten und die Medienausstattung aus.

Im Folgenden sollen die wichtigsten relevanten Studien in ihrer Methodik und ihren Resultaten kurz vorgestellt werden.

4.1. Media-Analyse Radio

Zusammengestellt und erhoben im Auftrag der Arbeitsgemeinschaft Media-Analyse e.V., (ag.ma) stellt diese Statistik die gegenwärtig dominierende Währung im Radiomarkt dar.

Mehrere Markt- und Meinungsforschungsinstitute befragen für die ‚ma Radio' in jährlich zwei Wellen mehrere Tausend nach einem repräsentativen Schlüssel ausgewählte Deutsche über ihr Hörverhalten. Mitglieder der ag.ma sind rund 250 Verlage, Sender und Werbeagenturen.[168] Beide Wellen lösen in den Befragungszeiträumen jeweils verstärkte Marketingaktivitäten der Sender aus, die sich im Programm vor allem in Form von Gewinnspielen bemerkbar machen. Seit 1999 erfolgt die Erhebung mittels telefonischer Interviews (‚CATI'), zuvor handelte es sich um persönliche, mündliche Face-to-Face-Interviews (‚paper-pencil'). Die

---

[166] vgl. Gerhards/Klingler (2006): 75
[167] vgl. Gerhards/Klingler (2006): 76
[168] vgl. Arbeitsgemeinschaft Media-Analyse e.V. (ag.ma) (2009b)

gesamte Feldzeit summiert sich auf 30 Wochen, hauptsächlich wird zwischen 17 und 21 Uhr telefoniert. Im Jahre 2010 beispielsweise wird – von der Weihnachtszeit abgesehen – lediglich zwischen April und September keine Befragungswelle laufen.[169] „Die Grundgesamtheit umfasst die deutsche Bevölkerung in Privathaushalten am Ort der Hauptwohnung im Alter von 14 und mehr Jahren."[170] Die Stichprobe wird durch ein mehrstufiges Verfahren gewonnen. Dabei werden aus dem deutschen Telefonverzeichnis bestimmte Nummernblöcke zufällig ausgewählt, bei diesen dann auch weitere Endziffern ergänzt (um nicht verzeichnete Teilnehmer mit einzubeziehen) und die geschäftlichen Telefonnummern aussortiert. Des Weiteren entspricht die Anzahl der Nummern einer systematischen Zufallsauswahl nach Gemeindegrößen und Regionen, um alle Regionen abzubilden. Anschließend wird aus dem Nummernblock eine Nummer ausgewählt und so ein Haushalt ermittelt. Während des Gesprächs erfolgt die Auswahl des tatsächlichen Gesprächspartners mittels Alter, Geschlecht und so genanntem ‚Schwedenschlüssel'. Insgesamt umfasst die Stichprobe so rund 60.000 Interviews.[171]

Die Interviewer bitten die Befragten um Angaben zu den Haushaltsverhältnissen sowie zu den am Vortag und in den letzten Wochen eingeschalteten Stationen. Hierbei geht der Interviewer mit seiner Zielperson in Viertelstundenabschnitten die Zeit von fünf Uhr morgens bis 24 Uhr durch und fragt alle in Frage kommenden Sender ab. Es wird gefragt, welche (konventionell empfangbaren) Sender bekannt sind, wann sie zuletzt eingeschaltet wurden, und welche Tätigkeiten dabei ausgeführt wurden.

Die ag.ma veröffentlicht die Berichte jeweils im März (‚ma Radio I') und im Juli (‚ma Radio II'), wobei jeweils die beiden letzten Wellen mit in die Berichterstattung einfließen. Sie geben Auskunft über sozioökonomische Verhältnisse der Radiohörer und die Marktanteile der Sender in ihren jeweiligen Verbreitungsgebieten sowie bundesweit, auch aufgesplittet in Unterkategorien wie z.B. Geschlecht, Altersklasse, Nutzungsort und natürlich Nutzungszeit.

Die ag.ma berichtet nicht an die Öffentlichkeit, sondern lediglich direkt an ihre Mitglieder. Diese Sender und Agenturen verbreiten dann ihrerseits häufig Erfolgsmeldungen, indem sie die Ergebnisse zu ihren Gunsten interpretieren. Somit sind Verlierer im Nachgang der Media-Analyse anhand der Pressemitteilungen kaum

---

[169] vgl. Arbeitsgemeinschaft Media-Analyse e.V. (ag.ma) (2009b)
[170] Arbeitsgemeinschaft Media-Analyse e.V. (ag.ma) (2009c)
[171] vgl. Arbeitsgemeinschaft Media-Analyse e.V. (ag.ma) (2009c)

auszumachen, auch, da die ag.ma das Medium stets als attraktives Werbemedium darzustellen versucht.[172]

Um eine aussagekräftige longitudinale Betrachtung der ‚ma'-Daten zu erhalten, werde ich drei Parameter herausgreifen und diese jeweils für die Grundgesamtheit aller Deutschen (ab ‚ma 2008 Radio II' auch EU-Ausländer in Deutschland) ab 14 bzw. 10 Jahren (ab ‚ma 2008 Radio II') sowie für die Zielgruppe der Jugendlichen von 14-29 Jahren bzw. 10-29 Jahren (ab ‚ma 2008 Radio II') in ihrer Entwicklung im Verlauf der letzten acht Jahre skizzieren.[173] Die Unterschiede in der unteren Eingrenzung der Altersklasse bis 29 Jahre resultieren aus einer methodischen Modifikation, wonach die Media-Analyse Radio seit der ‚ma 2008 Radio II' auch Personen von 10-14 Jahren inkludiert. Zeitgleich wurden fortan in Deutschland lebende EU-Ausländer in die Studie integriert.

Bei den drei Parametern handelt es sich um die Tagesreichweite, die Hördauer und die Verweildauer. Erster Wert gibt an, „wie viele Personen an einem durchschnittlichen Tag während mindestens eines vorgegebenen Zeitabschnitts von 15 Minuten Radio gehört haben."[174] Ich wähle diesen Parameter, da die Radiobranche sich selbst im Wesentlichen anhand dessen misst. Zum anderen beziehe ich Hördauer und Verweildauer in die Betrachtung mit ein, da diese Daten aussagekräftige Informationen über den Umfang der Hörfunknutzung liefern.

Auch wenn methodische Modifikationen an der ‚ma' im Untersuchungszeitraum nicht ausblieben, werde ich mich zur besseren Vergleichbarkeit jeweils auf den ersten Bericht eines Jahres konzentrieren, also jeweils die ‚ma Radio I'. Die Entwicklung der letzten acht Jahre zeigt Abb. 12.

Grundsätzlich kann man der Hörfunknutzung in Deutschland ein hohes Niveau bescheinigen. Dennoch zeichnen sich Veränderungen ab, deren Kausalität und Breitenwirkung es zu ergründen gilt.

An der Tagesreichweite über alle lässt sich ein nur leicht abnehmendes, hohes Niveau feststellen. Die Werte sinken seit 2005, als ein Spitzenwert von 81,9 Prozent erreicht wurde. 2009 lag die Reichweite bei 78,6 Prozent, was zwar einerseits den niedrigsten Wert des betrachteten Zeitraumes bedeutet, das Jahr 2002 jedoch nur um 0,7 Prozentpunkte unterschreitet.

---

[172] vgl. Lückemeier (2004)
[173] vgl. Arbeitsgemeinschaft Media-Analyse e.V. (ag.ma) (2007b), Arbeitsgemeinschaft Media-Analyse e.V. (ag.ma) (2009d)
[174] Arbeitsgemeinschaft Media-Analyse e.V. (ag.ma) (2009d)

Abb. 12: Entwicklung von Tagesreichweite, Hördauer und Verweildauer für D 14+ bzw. D+EU 10+ und D 14-29 bzw. D+EU 10-29, Mo-Fr, 5-24 Uhr im Jahresverlauf

Jahr („ma Radio I')	2002	2003	2004	2005	2006	2007	2008	2009
Tagesreichweite 14+ in %	79,3	81,1	80,9	81,9	80,0	79,4	79,1	78,6*
Tagesreichweite 14-29 in %	78,4	79,1	78,0	76,6	74,3	73,8	72,4	69,4**
Hördauer 14+ in Min.	204	213	209	210	201	199	200	189*
Hördauer 14-29 in Min.	171	179	175	169	152	148	160	130**
Verweildauer 14+ Jahre in Min.	257	263	258	256	252	250	252	241*
Verweildauer 14-29 in Min.	219	226	225	220	205	201	221	188**

* ab 10 Jahre, inkl. EU-Ausländer
** 10-29 Jahre, inkl. EU-Ausländer

Quelle: eigene Darstellung nach Arbeitsgemeinschaft Media-Analyse e.V. (ag.ma) (2007b) und Arbeitsgemeinschaft Media-Analyse e.V. (ag.ma) (2009d)

Die Tagesreichweite der Gruppe der 14-29-Jährigen (bzw. der 10-29-Jährigen im Jahre 2009) hingegen spricht eine deutlichere Sprache: Hier liegt der letzte Peak noch weiter zurück – im Jahre 2003 – und dieser wird mit aktuell 69,4 Prozent um fast zehn Prozentpunkte unterschritten. Der Rückgang innerhalb des letzten Jahres von 72,4 auf 69,4 Prozent lässt sich möglicherweise bedingt durch zwei methodische Veränderungen erklären. Zum einen wurde die Altersgruppe erweitert: Sie umfasst nun auch die Zehn- bis 14-Jährigen. Außerdem wurden die in Deutschland lebenden EU-Ausländer mit eingerechnet. Man beachte, dass dies für alle gemachten Angaben zur ‚ma 2009 Radio I' gilt.

Die durchschnittliche tägliche Hördauer über alle hat sich lange relativ stabil bei um 200 Minuten gehalten, bis sie mit der ‚ma Radio 2009 I' elf Minuten einbüßte. Zwar bedeuteten die Jahre 2003 bis 2005 hier ein signifikantes Zwischenhoch, doch vom Spitzenwert des Jahres 2003 – 213 Minuten - sind die letzten in diesen Vergleich mit einbezogenen Zahlen fast eine Viertelstunde entfernt: Die tägliche Hördauer lag in der ‚ma Radio 2009 II' bei 189 Minuten.

Die durchschnittliche tägliche Hördauer der Gruppe der 14-29-Jährigen (bzw. der 10-29-Jährigen im Jahre 2009) legt eine durchweg instabilere und flexiblere Kurve an den Tag. Junge Menschen scheinen ein wechselhafteres Hörnutzungsverhalten zu haben. Hierbei war für das Jahr 2003 noch ein Rekordwert von 179 Minuten zustande gekommen, der dann jedoch stetig sank – unterbrochen von einem kurzen Anstieg auf 160 Minuten im Jahre 2008. Im letzten Vergleichsjahr pendelte sich die Hördauer der jungen Menschen bei nur noch 130 Minuten ein, das bedeutet einen Absturz um eine halbe Stunde binnen nur eines Jahres.

Bei der Verweildauer über alle lässt sich noch am ehesten eine Konstanz erkennen, wenngleich dieser Eindruck durch die Negativentwicklung des letzten Jahres etwas getrübt wird. Fakt ist: Wer in Deutschland Radio hört, der hört viel Radio – im Jahre 2009 noch immer über vier Stunden täglich. Das kann nicht darüber hinwegtäuschen, dass dieser Wert im Vorjahr noch elf Minuten darüber, im Rekordjahr 2003 sogar 22 Minuten darüber lag, somit längerfristig also zu sinken scheint.

Die tägliche Verweildauer der Gruppe der 14-29-Jährigen (bzw. der 10-29-Jährigen im Jahre 2009) zeichnet ein ähnliches Bild, wenn auch mit der den Jugendlichen offenbar eigenen höheren Toleranzen. Die Parallele zur Hördauer der Zielgruppe ist deutlich erkennbar, einschließlich des deutlichen Rückgangs binnen des letzten Jahres um 33 Minuten. In den Jahren zuvor erfuhr auch dieser Wert einen deutlichen Peak im Jahr 2003, dessen hohes Niveau sich noch halten konnte, bevor er 2005 um eine Viertelstunde sank, die er jedoch 2007 in einem kurzen Hoch, ähnlich wie die Hördauer in der Zielgruppe, kurzfristig wieder zulegte. Von 2008 auf 2009 erfolgte dann der erwähnte deutliche Rückgang um mehr als eine halbe Stunde.

Zusammengefasst lässt sich konstatieren, dass unter Betrachtung des obigen Untersuchungszeitraums keine der relevanten Größen der Media-Analyse im Steigen begriffen ist: Alle Werte sinken, besonders die der jugendlichen Zielgruppe der 14-29-Jährigen (bzw. 10-29-Jährigen im Jahre 2009). Der Entwicklung von 2008 auf 2009 muss aufgrund der geschilderten methodischen Modifikationen eine geringere Aussagekraft zugesprochen werden. So bleibt unklar, ob die Erweiterung der Grundgesamtheit (und der Stichprobe) einen abfedernden oder einen verstärkenden Effekt hat. Dennoch wird ablesbar, wie sehr gerade die jungen Rezipienten sich vom konventionellen Hörfunk abwenden.

Inwieweit nun hier ein kausaler Zusammenhang zwischen dieser in der ‚ma' sich niederschlagenden Entwicklung und der Nutzung von MP3-Playern oder anderen digitalen Musikmedien einschließlich Internetradio besteht, muss Gegenstand weiterer Forschung sein. Im vorigen Kapitel kam bereits zur Sprache, dass unterschiedliche Studien hierzu unterschiedliche Ergebnisse lieferten. So fand Schramm (2007) heraus, dass MP3-Player-Besitzer angaben, zugunsten ihres MP3-Players weniger Radio zu hören[175], während die ‚ma 2007 Radio II' einen

---

[175] vgl. Schramm (2007): 133

gegenteiligen Effekt feststellt, wonach die Besitzer von MP3-Playern eine besondere Radioaffinität und eine überdurchschnittliche Radionutzung an den Tag legten.[176]

4.2. Langzeitstudie Massenkommunikation

Autoren bzw. Auftraggeber dieser Erhebung sind die Medienforschungsabteilungen von ARD und ZDF. Seit 1964 werden mit der Langzeitstudie Massenkommunikation etwa alle fünf Jahre mehrere Tausend Personen zu ihrem Medienkonsum befragt. Zur Jahrtausendwende bezogen die Interviewer das Internet mit in den Medienvergleich ein. Die neunte Welle wurde vom 10. Januar bis 13. März 2005 durchgeführt, sodass die jüngsten Daten damit bereits fünf Jahre alt sind.
Die Erhebung liefert dennoch interessante Erkenntnisse, weil die Langzeitstudie Massenkommunikation einen - nach eigenen Angaben - weltweit einzigartigen repräsentativen Vergleich der Mediennutzung über einen derart langen Zeitraum bietet.[177]
„Erhoben wurden unter anderem die Bindung an die Medien, ihre Reichweiten und Nutzungsdauern am Stichtag und im Kontext anderer Tätigkeiten und Freizeitaktivitäten sowie die Images und Funktionen der Medien für die Menschen."[178]
Die Interviewer der beauftragten Medien- und Meinungsforschungsinstitute baten des Weiteren um Angaben zur Geräteausstattung des Haushaltes und zu den der Mediennutzung zu Grunde liegenden Motivationen. So sollen Tendenzen absehbar und Anforderungen für die künftige Entwicklung der Medien erkennbar werden.
In ihrer Laufzeit hat die Studie sowohl die Einführung des Dualen Rundfunksystem dokumentiert, als auch das Zusammenwachsen zweier medialer Öffentlichkeiten mit der deutschen Wiedervereinigung. Das Spannungsfeld des Langzeitvergleichs besteht in dem Anspruch der Studie, sowohl eine longitudinale Vergleichbarkeit durch gleiche Fragen zu erreichen als auch aktuell relevante Themen zu erfassen.[179] Stets war die treibende Kraft hinter der Studie die Neugier auf das Verhalten der etablierten Medien gegenüber neuen Medien. Kam diese Funktion anfangs dem Fernsehen zu, so war es später der private Rundfunk oder – aktuell – das

---
[176] vgl. Klingler/Müller (2007): 463
[177] vgl. Berg/Ridder (2002): 5
[178] Berg/Ridder (2002): 258
[179] Berg/Ridder (2002): 13

Internet.[180] Ein kausaler Zusammenhang zwischen den Nutzungsintensitäten verschiedener Medien lässt sich anhand dieser Studie zwar nur selten herstellen. Dennoch liefert sie wichtige Informationen, die u.a. die Prioritätensetzung der Rezipienten im medialen Wettbewerb abbildet.

Abb. 13: Entwicklung der Mediennutzung 1980 bis 2005, BRD 14+ (bis 1990 ohne DDR), Durchschnitt Mo-So (Sonntag erst 1990 in Erhebung aufgenommen) in Min./Tag (brutto)

Jahr	1980	1985	1990	1995	2000	2005
Gesamt	346	351	380	404	502	600
Hörfunk	125	121	135	158	185	221
Fernsehen	135	154	170	162	206	220
Tageszeitung	38	33	28	29	30	28
Zeitschriften	11	10	11	11	10	12
Bücher	22	17	18	15	18	25
CD/LP/MC	15	14	14	13	36	45*
VHS	-	2	4	3	4	5**
Internet	-	-	-	-	13	44

* ab 2005: inkl. MP3-Player
** ab 2005: inkl. DVD

Quelle: eigene Darstellung nach Berg/Ridder (2002): 47 und Best/Engel (2007): 23

Bei Betrachtung der eingangs erwähnten Inselfrage (die Frage nach der Entscheidung für ein Medium in einer simulierten Grenzsituation) lässt sich die nach wie vor hohe Beliebtheit des Mediums Hörfunk erkennen.

Die Ergebnisse besagen außerdem, dass sich die Parallelnutzung von Radio und Internet mit täglich rund acht Minuten auf einem niedrigen Niveau bewegt.[181] Sie nimmt jedoch zu, je jünger die untersuchte Altersgruppe ist. Außerdem kombinieren vor allem so genannte Trendsetter, also „Personen mit hoher Affinität zu moderner Medientechnik, gemessen am Besitz bisher wenig verbreiteter Geräte"[182], die Medien Radio und Internet überdurchschnittlich häufig, nämlich 24 Minuten am Tag - also vier mal so lange wie der Gesamtdurchschnitt.[183] Das wirft die Frage auf, ob sich bei einer wachsenden generellen Technikaffinität aus dem Verhalten der jungen, technikaffinen Altersgruppe der Langzeitstudie Massenkommunikation eine derartige Entwicklung auch in der Masse prognostizieren lässt.

Was die Images und Nutzungsmotivationen anbetrifft, werden der Studie zu Folge klare Funktionszuweisungen erkennbar, die sich jedoch auch überschneiden. Dem

---

[180] vgl. Berg/Ridder (2002): 11
[181] vgl. Best/Engel (2007): 24
[182] Best/Engel (2007): 21
[183] vgl. Best/Engel (2007): 25

Fernsehen kommt demnach eine Informations- und Unterhaltungsfunktion gleichermaßen zu, Tageszeitung und Internet dienen hauptsächlich der Information und das Radio wird als Tagesbegleiter und Stimmungsmodulator genutzt.[184]

Seit der letzten Welle haben sich Endgeräte und Zugangswege weiter digitalisiert, sodass die Ergebnisse der nächsten Welle mit Spannung erwartet werden. In der Retrospektive liefert die Langzeitstudie Massenkommunikation die zentrale Aussage, dass das Radio im Wettbewerb mit anderen Medien bislang stets widerstanden hat.

4.3. ARD/ZDF-Onlinestudie

Zentrale Fragestellungen dieser repräsentativen telefonischen Erhebung betreffen seit 1997 die Entwicklung der Internetnutzung in Deutschland und den Umgang mit Online-Angeboten. Auftraggeber ist, wie bei der Langzeitstudie Massenkommunikation, die ARD/ZDF-Medienkommission. Bis zum Jahre 2000 bildete man zwei Stichproben für Internet-Nutzer und Internet-Nichtnutzer, seit 2001 gehören alle Deutschen ab 14 Jahren zur Grundgesamtheit. Die Stichprobe wird auf Grundlage der Media-Analyse nach Geschlecht, Alter, Bildung und Bundesland gewichtet.[185] Durchgeführt werden die Interviews von Enigma-GfK in Wiesbaden.

Für die ARD/ZDF-Onlinestudie 2009 wurden von März bis April insgesamt 1806 Personen befragt. Die Ergebnisse fassen Vertreter von ARD und ZDF wie folgt zusammen: „Kennzeichnend für die aktuelle Internetentwicklung ist die stetig steigende Nachfrage nach multimedialen Inhalten."[186] Demnach sehen 62 Prozent der Onliner Videos bei Videoportalen, in Mediatheken oder über Internetfernsehangebote an, sei es live oder zeitversetzt, ein Zuwachs von sieben Prozentpunkten gegenüber dem Vorjahr. „51 Prozent (2008: 43 Prozent) hören Audiofiles wie Musikdateien, Podcasts und Radiosendungen im Netz."[187] Vor allem die Möglichkeit der zeitversetzten ‚On Demand'-Nutzung erfreut sich großer Beliebtheit, und dies schwerpunktmäßig bei einem jüngeren Publikum als das terrestrisch verbreitete Programm.

Insgesamt liefert die ARD/ZDF-Onlinestudie die Erkenntnis, dass sich gerade in den jüngeren Altersgruppen eine Sättigung bei der Internetnutzung eingestellt hat:

---
[184] vgl. Oehmichen /Schröter (2003): 384
[185] vgl. ARD/ZDF-Onlinestudie 2009 (2009)
[186] ARD.de (2009)
[187] ARD.de (2009)

„Die größten Wachstumspotenziale werden [...] von der älteren Generation ausgehen: 96,1 Prozent der 14-29-Jährigen nutzen regelmäßig das Internet, unter den 30-49-Jährigen sind es 84,2 Prozent und bei den Über-50-Jährigen liegt der Anteil der Internet-Nutzer mittlerweile bei 40,7 Prozent."[188] Die Jungen sind also die intensivsten Internet-Nutzer. Gleichzeitig greift ein großer Teil der Online-Nutzer auf Internetradio oder ähnliche Audiodienste zurück. Laut ARD und ZDF lässt sich das „zum einen auf die umfangreicheren Angebote und die niedrigen Übertragungsraten zurückführen. Zum anderen hängt dies aber auch damit zusammen, dass Radiohörer schon längst an die nahezu uneingeschränkte Verfügbarkeit des Hörfunks gewohnt sind. Mobiler und stationärer Empfang ist Usus, unterschiedliche Gerätevarianten gibt es bereits seit Jahren. Außerdem gehört das Hören am Arbeitsplatz zur Routine – und hier steht meist ein Computer zur Internetnutzung zur Verfügung."[189]

Die originäre, exklusive Live Stream-Nutzung von Internetradio hat sich 2009 auf einen Anteil von zwölf Prozent der Onliner ab 14 Jahren eingependelt[190], und dies mit einem noch geringen Marktanteil von WLAN- und UMTS-Endgeräten für Radioempfang.

Große Hoffnungen in Bezug auf die Nutzungsentwicklung multimedialer Inhalte setzen ARD und ZDF daher in die Entwicklung und die Verbreitung neuer Endgeräte: „Mit der Verfügbarkeit von benutzerfreundlichen multimedialen Endgeräten, höheren Übertragungsraten, Zusatzdiensten und größerem Bedienungskomfort sollte sich dies [die Stagnation der Nutzungswerte, Anm. d. Verf.] in Zukunft ändern. Noch werden [...] Audioangebote über Radio gehört. Die empirischen Daten belegen diesen noch ‚konventionellen' Umgang. [...] Die zukünftige Nutzung wird nicht nur von der Entwicklung neuer Angebote und Technologien abhängen, sondern auch von der Multifunktionalität bereits vorhandener Geräte."[191] Die öffentlich-rechtlichen Programmanbieter sehen die Inhalte als entscheidendes Qualitätskriterium der Zukunft, weniger den technischen Verbreitungsweg. Da sich auf diesem künftig digitalen Weg neue Nutzergruppen erschließen ließen und sie selbst über ein hohes Maß an inhaltlicher Kompetenz verfügten, sehen sie sich gut

---

[188] ARD.de (2009)
[189] ARD/ZDF-Medienkommission (2007): 21
[190] vgl. ARD/ZDF-Onlinestudie 2009 In: van Eimeren & Frees (2009): 353
[191] ARD/ZDF-Medienkommission (2007): 26

aufgestellt und durch die ARD/ZDF-Onlinestudie in ihrer Programmpolitik bestätigt.[192]

4.4. WDR-Webradiostudie 2007/2008

Im Auftrag des Westdeutschen Rundfunks führte Enigma-GfK in der Zeit vom 16. Oktober bis zum 18. Dezember 2007 in Nordrhein-Westfalen eine Untersuchung durch, welche die Auswirkungen von WLAN-Endgeräten, wie sie in Kapitel 3.2.1.4. beschrieben werden, auf die Radionutzung eruieren sollte. Zentrale Fragestellungen waren: „Was halten die Hörerinnen und Hörer von dieser speziellen Art des Radiohörens über das Internet? Hat das Internetradio einen Mehrwert im Vergleich zu UKW-Geräten? [...] Sattelt man um von UKW- auf IP-Empfang? Ist das Gerät einfach zu bedienen? Was geschieht mit der Nutzung einzelner Programme?"[193]
Dabei wurde eine Gruppe von 100 Personen kostenlos mit je einem Noxon-iRadio ausgestattet, die Kontrollgruppe aus weiteren 100 Personen besaß lediglich einen Internetradio-fähigen PC. Beide Testgruppen waren aufgefordert, verstärkt Internetradio zu hören. Beide Gruppen einte auch, dass jeweils eine DSL-Flatrate im Haushalt vorhanden war. Außerdem wählte man sie nach gleichen Kriterien bezüglich Alter, Bildung, Nutzungsintensität von Internetradio in der Vergangenheit, Kinderanzahl im Haushalt, Alter der Kinder, Kulturinteresse und Musikinteresse aus.[194]
Das Resultat bewerteten die Medien als „Warnruf auch für den Auftraggeber"[195], denn: „IP-Radios verändern das Hörerverhalten radikal, altbekannten Wellen läuft im Internet das Publikum davon."[196] Im Detail zeigte sich, dass die Endgeräte einen erheblichen Einfluss auf den Umfang und die Art der Internetradionutzung ausüben. So machten die Mitglieder der Gruppe mit den iRadios schnell und intensiv von der neuen Nutzungsoption Gebrauch und bestätigten die Hypothese, wonach Internetradio durch die neuen Radiogeräte „erst einen richtigen Schub"[197] bekommen würde. Bei Betrachtung der Nutzungsintensität wurde zunächst deutlich, dass sowohl Nutzer von iRadios als auch von PCs am Ende der Studie häufiger Internetradio hörten als zu Beginn. Dabei fiel der Zuwachs bei den iRadio-

---

[192] vgl. ARD/ZDF-Medienkommission (2007): 27
[193] Windgasse (2009): 129
[194] vgl. Windgasse (2009): 129
[195] Kotowski (2009)
[196] Kotowski (2009)
[197] Windgasse (2009): 130

Nutzern deutlich höher aus als bei der Kontrollgruppe, wie Abb. 14 und Abb. 15 illustrieren.

Abb. 14: Nutzung von Internetradio in den letzten 14 Tagen nach erster Hörphase, in Prozent. Basis: n=84 iRadio-Nutzer, n=77 PC-Radio-Nutzer.

Anzahl Tage (in den letzten 14 Tagen)	iRadio-Nutzer	PC-Radio-Nutzer
3 bis 5	0	29
6 bis 8	17	40
9 bis 11	39	20
12 bis 14	44	11

Quelle: eigene Darstellung, nach WDR-Webradio-Studie. In: Windgasse (2009): 133

Anfangs liegt also die Bereitschaft, Internetradio zu hören, bei der mit iRadios versorgten Gruppe bereits höher als bei den Nutzern von PC und Laptop.

Abb. 15: Nutzungshäufigkeit Internetradio zum Ende der Untersuchung, in Prozent. Basis: n=84 iRadio-Nutzer, n=77 PC-Radio-Nutzer.

	iRadio-Nutzer	PC-Radio-Nutzer
Seltener	0	0
einmal im Monat	0	0
einmal in 14 Tagen	0	0
einmal in der Woche	0	8
mehrmals in der Woche	13	51
(fast) täglich	86	42

Quelle: eigene Darstellung, nach WDR-Webradio-Studie. In: Windgasse (2009): 133

Zum Ende des Untersuchungszeitraums kristallisiert sich der Abstand zwischen den beiden Gruppen heraus: Das Endgerät iRadio scheint die Internetradionutzung tatsächlich stark zu beflügeln.

Neben der Quantität der Internetradionutzung zeugt auch deren Qualität von einem signifikanten Einfluss der neuen digitalen Endgeräte. So fragten die Interviewer bei beiden Gruppen auch nach den gewählten Radioprogrammen. Im Ergebnis nannten nach der ersten Hörphase 30 Prozent der iRadio-Nutzer einen reinen Internetsender als meistgehörtes Programm, zu Beginn der Untersuchung waren es nur drei Prozent. Anfangs tendierte die Mehrheit der iRadio-Nutzer (52 Prozent) beim meistgehörten Programm noch zu einem WDR-Programm, nach der ersten Hörphase schmolz dieser Anteil auf nur 26 Prozent. Auch private Lokalsender verloren an Beliebtheit: 30 Prozent der iRadio-Nutzer nannten zu Beginn einen solchen Sender als meistgehörtes Programm, nach der ersten Hörphase nur noch 15 Prozent. Interessanterweise blieben die übrigen Privatsender konstant bei elf bzw. zwölf Prozent.

Abb. 16: Über das Internet am häufigsten gehörte Sender, in Prozent

	iRadio-Nutzer	PC-Radio-Nutzer
meistgehörtes Programm bei Beginn der Untersuchung		
WDR gesamt	52	59
andere öffentlich-rechtliche Programme gesamt	3	2
Lokalfunk gesamt	30	24
sonstige private Programme gesamt	11	6
Internetsender gesamt	3	6
meistgehörtes Programm nach 1. Hörphase		
WDR gesamt	26	66
andere öffentlich-rechtliche Programme gesamt	11	4
Lokalfunk gesamt	15	8
sonstige private Programme gesamt	12	6
Internetsender gesamt	30	10

Basis: n=84 iRadio-Nutzer, n=83 PC-Radionutzer.

Quelle: WDR-Webradio-Studie. In: Windgasse (2009): 133

Bei der Kontrollgruppe, die über Desktop-PC oder Laptop Internetradio hören sollte, trat dieser Effekt nicht auf. Internetsender legten zwar in der Hörergunst zu, aber nicht annähernd so stark wie bei Nutzern des iRadios. Dies geschah größtenteils auf Kosten des Lokalfunks, wobei hierfür noch keine Erklärung vorliegt.[198] Außerdem gewannen hier im Verlauf die öffentlich-rechtlichen Sender des WDR hinzu.

Zusammengefasst verloren die konventionellen UKW-Programme in der WDR-Webradio-Studie gegenüber den Internetsendern erheblich an Reichweite. Solange also Internetradio über den PC gehört wird, scheint sich die Nutzung leicht zugunsten der öffentlich-rechtlichen Sender und der Internetsender zu verschieben. Sobald der Hörer jedoch ein iRadio nutzt, brechen öffentlich-rechtliche und lokale Programme massiv ein – und es profitieren in erster Linie die

---

[198] vgl. Windgasse (2009): 133

Internetsender und auch andernorts ausgestrahlte Öffentlich-Rechtliche. Das heißt: „Die etablierten Radiosender bekommen tausende neue Konkurrenten, die zum Teil gezielt ausprobiert werden und dann bei Gefallen schnell Eingang in das Relevant Set bekommen. Selbst wenn das ursprüngliche UKW-Lieblingsprogramm irgendwann wieder das meistgehörte wird, so dürfte die Nutzungsfrequenz dennoch voraussichtlich sinken, weil der Urlaubssender oder der Spartenkanal jetzt auch bequem gelegentlich gehört werden kann."[199] Der Eingang in das Relevant Set erfolgt beim iRadio, wie beim herkömmlichen Radio auch, über die Programmspeicherplätze oder Favoritenlisten.

Neben diesen Nutzungsdaten wurden mit der Studie des Weiteren die Erfahrungen der Nutzer mit der Hardware abgefragt. Demnach beurteilten 54 Prozent der iRadio-Gruppe die Auswahl der verfügbaren Sender von insgesamt über 9000 als gerade richtig, was auch der Übersichtlichkeit dank zwischengeschalteter Menüs geschuldet sein mag.[200]

43 Prozent der iRadio-Nutzer beurteilten den technischen Installationsaufwand als ‚normal', 29 Prozent als ‚gering', 15 Prozent jedoch auch als ‚hoch'. Hauptsächlich betrafen die Installationsprobleme die Verbindungsherstellung zum PC oder zum WLAN-Netzwerk. Die Einrichtung dauerte im Durchschnitt 40 Minuten.

Eine Mehrheit von 57 Prozent der iRadio-Nutzer beurteilte das Radiohören über das Internet generell als ‚sehr gut', PC-Nutzer hingegen finden Internetradio mehrheitlich ‚gut' (60 Prozent).[201] Diese positive Rückmeldung schlägt sich auch in den Zustimmungswerten zu verschiedenen Aussagen bezüglich des Internetradios nieder, wie sie Abb. 17 zeigt.

Nach ihrer künftig präferierten Nutzungsform („Internetradio versus normales Radio"[202]) befragt, bevorzugt eine Mehrheit von 74 Prozent aller iRadio-Hörer das Internet, 14 Prozent nannten ‚beides gleich' und 12 Prozent bevorzugten das konventionelle Radio. Die PC-Radiohörer nutzen am liebsten mit dem normalen Radio (40 Prozent) ihre Programme, gefolgt von ‚beides gleich' mit 32 Prozent und dem Internet mit nur 27 Prozent.[203]

---

[199] Windgasse (2009): 133
[200] vgl. Windgasse (2009): 134
[201] vgl. Windgasse (2009): 134
[202] Windgasse (2009): 136
[203] vgl. Windgasse (2009): 136

Abb. 17: Einstellungen: Hörverhalten Internetradio und normales Radio, in Prozent

	iRadio-Nutzer	PC-Radio-Nutzer
Durch das Internetradio ist Radiohören für mich wieder interessanter geworden		
trifft voll und ganz zu	52	34
trifft eher zu	24	13
trifft eher nicht/gar nicht zu	24	53
Durch das Internetradio werde ich in Zukunft öfter Radio hören		
trifft voll und ganz zu	52	31
trifft eher zu	23	24
trifft eher nicht/gar nicht zu	25	45
Internetradio ist nur für Programme gut, die man sonst nicht anders empfangen kann		
trifft voll und ganz zu	29	51
trifft eher zu	10	17
trifft eher nicht/gar nicht zu	61	32
Internetradio ist für mich persönlich das Radio der Zukunft		
trifft voll und ganz zu	60	31
trifft eher zu	26	26
trifft eher nicht/gar nicht zu	14	43
Internetradio ist mir persönlich weniger wichtig als das normale Radio		
trifft voll und ganz zu	4	23
trifft eher zu	6	19
trifft eher nicht/gar nicht zu	90	58
Ich höre Internetradio genauso gerne wie normales Radio		
trifft voll und ganz zu	54	47
trifft eher zu	19	14
trifft eher nicht/gar nicht zu	27	39
Der Nachteil von Internetradio ist, dass ich meistens nicht weiß, was ich hören soll		
trifft voll und ganz zu	10	9
trifft eher zu	10	7
trifft eher nicht/gar nicht zu	80	84
Die Vielfalt des Programmabgebots und der Möglichkeiten haben mich überrascht		
trifft voll und ganz zu	74	64
trifft eher zu	15	11
trifft eher nicht/gar nicht zu	11	25

Basis: n= 84 iRadio-Nutzer, n= 77 PC-Radio-Nutzer.

Quelle: WDR-Webradio-Studie. In: Windgasse (2009): 135

Für Thomas Windgasse von der WDR-Medienforschung stellen die drahtlosen, digitalen Endgeräte den Durchbruch von Internetradio im Allgemeinen dar, da sie wie ein normales Radio funktionierten und das Internet auf seine Funktion als technisches Übertragungsmedium reduzierten, ohne dass der Umweg über das World Wide Web erforderlich sei.[204] „Im Internet steht dem Nutzer ein erheblich ausgeweitetes Angebot an traditionellen Radiosendern, aber vor allem auch

---

[204] vgl. Windgasse (2009): 136

neuen, formatierten Spartensendern zu Verfügung."²⁰⁵ Damit erscheint möglich, dass sich die Radionutzung fragmentiert und individualisiert.

---

[205] Windgasse (2009): 137

5. Theoretische Erklärungsversuche

Die Szenarien künftiger Hörfunknutzung gehen weit auseinander. Während Skeptiker das konventionelle Massenradio gegenwärtiger Prägung in seiner Existenz ernsthaft bedroht sehen, vertrauen Optimisten auf die mehrfach bewiesene Wandlungsfähigkeit des Mediums Radio. Die präsentierten Statistiken lassen mangels übergreifender Eindeutigkeit keine definitive Prognose zu, nähren sie doch in gewisser Weise beide Positionen.

Aus soziologischer Perspektive möchte diese Arbeit zwei theoretische Paradigmen konsultieren und kontrastieren, um schließlich eine auf sozialwissenschaftlichen Erkenntnissen basierende Aussage über die künftige Entwicklung des deutschen Radiomarktes anbieten zu können. Dabei werden im Folgenden Hypothese 1 und Hypothese 2 gegenübergestellt und deren Argumentationen jeweils durch die Konstrukte der Individualisierungsthese nach Beck bzw. der Komplexitätsreduktion im Sinne Niklas Luhmanns fundiert. Sie beide werden in diesem Kapitel detaillierter beschrieben und in Relation gesetzt zum Gegenstand dieser Arbeit.

Die Wahl fiel aus mehreren Gründen auf die genannten Theorien, die in den folgenden Absätzen näher ausgeführt werden.

Sie fiel auf die Individualisierung, da sie als gesellschaftlich übergreifender Prozess bereits in der Vergangenheit ihren Niederschlag im Hörfunk fand und nun in der weiteren Personalisierung des Internetradios ihren vorläufigen Kristallisationspunkt erreicht zu haben scheint. Zudem decken sich die drei Dimensionen der Individualisierung nach Ulrich Beck (nähere Ausführungen in Kapitel 5.1.2.) mit Parametern der Radionutzung. Auch in der Reaktion des Einzelnen auf die neuen digitalen Hörfunkangebote zeigen sich Verhaltensweisen, die Beck Individualisierungsphänomenen zuschreibt.

Ein Gegenmodell dazu stellt die Reduktion von Komplexität dar, denn mit diesem theoretischen Modell können die Entscheidungsprozesse beim Aufkommen der neuen Technologie adäquat beschrieben werden. Die Auseinandersetzung mit neuen Hörfunkangeboten setzt einen Lernprozess voraus, dessen erfolgreicher Abschluss ihre Nutzung erst technisch ermöglicht.

Ob die Nutzer auch faktisch auf neue Radioangebote zurückgreifen werden, wird im Spannungsfeld zwischen Möglichkeiten individuellerer Bedürfnisbefriedigung und der Aufgabe vertrauter Bindungen zu den konventionellen Angeboten unter Bewältigung von Komplexität ausgehandelt werden.

5.1. Hypothese 1: Konventionelles Massenradio existenziell bedroht

Der Verlust von Öffentlichkeit alleine wäre, bei allen gesellschaftlichen Konsequenzen, für den Hörfunk selbst vermutlich zu verschmerzen, zumal unter Adaption an den vom Nutzer gewünschten Funktionswandel. Die Existenzgrundlage zumindest kommerzieller Programme stellt nicht die größtmögliche Öffentlichkeit selbst dar, sondern die Umwandlung derselben in wirtschaftlichen Profit. Letzterer läßt sich jedoch prinzipiell auch mit kleineren Zielgruppen erzielen.

Die existenzielle Bedrohung vor allem für den Massenhörfunk erwächst somit aus der Abwendung der Rezipienten von einem starren, sich möglicherweise zu langsam wandelnden Medium, welches dem Wunsch nach individualisierter und personalisierter Musik- und Hörfunknutzung nicht oder erst verzögert nachkommt und einem daraus resultierenden Einbruch des Werbemarktes. Es besteht die Gefahr, dass Teile der Hörerschaft über die neuen, digitalen Verbreitungswege auf alternative Radioangebote stoßen, die ihre Bedürfnisse besser decken.

Da sich Radio und seine Hörer mangels innovativer Programmideen auf die Nebenbeinutzung geradezu geeinigt zu haben scheinen, werden Internetradios und Online-Radiodienste angesichts der vorgestellten mobilen Endgeräte einen noch nicht realistisch abschätzbaren Anteil der Hörerschaft für sich gewinnen.

Dabei bedarf es keiner all zu großen Teile der Hörerschaft, die dem konventionellen Radio verloren gehen, um dessen wirtschaftliche Basis zu gefährden. Angesichts eines hart umkämpften konventionellen Radiomarktes können gegenwärtig bereits geringe Quotenrückgänge das ökonomische Aus für eine Station bedeuten. Dies erscheint um so problematischer, als sich die Werbung treibende Industrie mit ihrem Engagement im Onlinebereich des Hörfunks bislang sehr zurückhaltend zeigt, dabei aber gleichzeitig nach wie vor auf die ‚Währung' der Media-Analyse setzt, welche die Reichweitenverluste via UKW dokumentiert ohne auf der Gegenseite die Entwicklung der Konkurrenz im Netz festzuhalten. In Zeiten, wo das Wachstum des persönlichen Medienzeitbudgets abflaut oder gar gegen Null geht, resultiert aus dem Bedeutungszugewinn von Internetradio ein Bedeutungsverlust des konventionellen Hörfunks.

Mit der Entkopplung von Internetradio und Online-Radiodiensten vom PC hat sich ein neuartiges Konkurrenzverhältnis herausgebildet, welchem sich dem Hörfunk bisher nicht gegenübergestellt sah. Die digitale Konkurrenz aus dem Internet kann flexibler auf die individuellen Wünsche seiner Nutzer eingehen, da sich dort auch enger formatierte Spartenprogramme auf eine wirtschaftliche Basis stellen lassen. Goldhammer und Zerdick verweisen auf die neuen Finanzierungsquellen für Online-Rundfunk: So ist es nun möglich, auch kleinere Zielgruppen mit Angeboten zu versorgen, was zuvor aufgrund der hohen Übertragungskosten unrentabel war. „Durch die weltweite Reichweite und die sehr niedrigen Distributionskosten des Internets lassen sich aber solche Interessen plötzlich zu neuen Clustern zusammenfassen, die erstmals rentabel mit elektronischen Medien versorgt werden können."[206] Wenngleich bereits über zehn Jahre alt, so fördert die Studie von Goldhammer und Zerdick doch zu Tage, dass Internetradio völlig neue Angebote im Segment der kleineren und mittleren Rezipientengruppen ermöglichen wird. Mittlerweile lässt sich mit Blick auf das Angebot an Internetradio konstatieren, dass dieser Effekt eingetreten ist. Das Potenzial des neuen Verbreitungsweges konkretisieren sie wie folgt: „Der Rezipient zahlt für personalisierte Angebote mehr, weil sein Nutzen durch die Individualisierung steigt. Zudem können durch zielgruppenspezifische Werbung auch mit kleineren Gruppen attraktive Werbeeinnahmen realisiert werden. Derjenige, der diesen Zusammenhang schnell und gekonnt umsetzt, wird der Gewinner unter den Online-Angeboten sein."[207]

Die Einschränkungen im Nutzungsverhalten, die noch durch die Bindung an den PC gegeben waren, verschwimmen zusehends. Spätestens mit dem Einzug von benutzerfreundlichen Internetradios in den PKW wird der konventionelle Hörfunk in einer Bastion angegriffen, die bisher aufgrund funktionaler Alleinstellungsmerkmale als uneinnehmbar gelten durfte. Wenn die Übermittlung von Verkehrsinformationen vom Navigationssystem übernommen und die Hörfunkübertragung über das UMTS-Modul in Handy oder Autoradio abgewickelt wird, dann eröffnet sich dem Rezipienten in Konsequenz dieser neuen Aufgabenverteilung eine Pro-

---

[206] Goldhammer & Zerdick (1999): 274
[207] Goldhammer & Zerdick (1999): 275

grammvielfalt, die zu einer Bedrohung des konventionellen Massenhörfunks führen muss, der den Individualisierungstendenzen in der Hörfunknutzung derzeit nichts entgegenzusetzen hat.

Die geringe Innovationsfähigkeit stößt sogar bei den lizensierenden Kontrollorganen des privaten Rundfunks, den Landesmedienanstalten, auf Kritik: „Bei der Diskussion um die digitale Zukunft des Radios darf die aktuelle Lage des Mediums allerdings nicht in Vergessenheit geraten. Im verschärften Medienwettbewerb hat sich der Hörfunk in den vergangenen Jahren kaum durch programmliche Innovationen hervorgetan. Vor allem die Senderverantwortlichen der privaten Anbieter waren vorwiegend damit beschäftigt, ihre Kosten zu senken und neue Vermarktungsangebote in den Markt zu bringen. Die meisten Privatsender beschränken sich darauf, das Konzept des Formatradios fortzuführen. Doch Morning-Show, Major Promotion und Hot Rotation reichen allein nicht aus, um die Erwartungen an eine publizistische Leistung zu erfüllen. Die sinkende Hör- und Verweildauer in nahezu allen Altersgruppen – vor allem aber bei den Jüngeren – könnte ein Zeichen dafür sein, dass auch die Zuhörer von ihrem Radio mehr redaktionelle und relevante Inhalte erwarten: Ein Zeichen, das die Verantwortlichen der Sender ernst nehmen sollten. Das Radio setzt heute im Bewusstsein vieler Menschen zu wenige Themen. Das Medium beschränkt sich auf seine Rolle als Tagesbegleiter und riskiert damit, im Wettstreit mit Internet, TV oder Mobilfunk austauschbar oder gar verzichtbar zu werden."[208]

Konventionelles Massenradio ist somit existenziell bedroht. Die Ursache dieser Bedrohung stellt hauptsächlich eine Individualisierung der Hörfunknutzung mit der Konsequenz einer rückläufigen konventionellen Radionutzung dar.

5.1.1. Theoretische Begründung: Individualisierungstendenzen in der Mediennutzung

Goldhammer und Zerdick (1999) sehen die große Chance des Internets in seiner vermittelnden Rolle als Infrastruktur zwischen den einzelnen Nutzern oder Nutzergruppen. Als ausschlaggebend für den Erfolg von Onlineangeboten betrachten sie die Möglichkeit, Inhalte zu personalisieren, um den einzelnen Nutzer vor unnötiger

---

[208] Albert (2007): 308

Informationsflut zu bewahren und ihm gleichzeitig exakt die Inhalte bereitzustellen, die ihn interessieren: beispielsweise den lokalen Wetterbericht für seine Stadt, entsprechende Regionalnachrichten oder Special Interest-Informationen.[209] Als Argument für den Erfolg personalisierter Onlineplattformen sei auf die Entwicklung von so genannten Web 2.0-Angeboten wie myspace, Facebook oder Wikipedia verwiesen, die ihrerseits kaum selbst Informationen, sondern lediglich die Infrastruktur für den ‚user generated content' der ‚Community' bereitstellen und somit „ein einfach zu bedienendes ‚Internet zum Mitmachen'"[210] bilden.

Die Personalisierung von Inhalten lässt sich als konsequente Weiterentwicklung der von den Rundfunksendern praktizierten Idee der Formatierung betrachten: „Als Zielgruppe rückt der einzelne Nutzer in den Fokus der Betrachtung der Anbieter, der sein tägliches und persönliches (Online-)Rundfunkangebot, das personalisierte Programm, erhält."[211] Die auf diese Weise fortschreitende Individualisierung illustriert die folgende Personalisierungs-Pyramide.

Abb. 18: Personalisierungs-Pyramide von Online-Inhalten

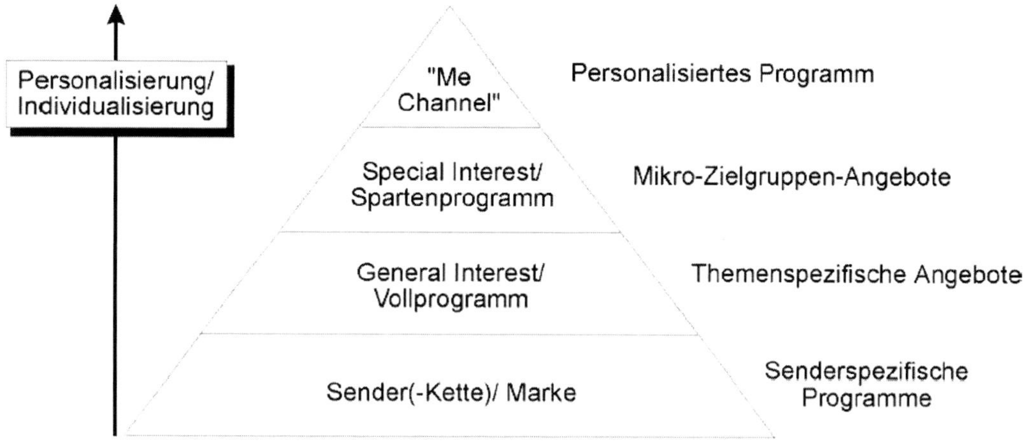

Personalisierung/ Individualisierung ↑		
	"Me Channel"	Personalisiertes Programm
	Special Interest/ Spartenprogramm	Mikro-Zielgruppen-Angebote
	General Interest/ Vollprogramm	Themenspezifische Angebote
	Sender(-Kette)/ Marke	Senderspezifische Programme

Quelle: Goldhammer / Zerdick (1999): 164

Zurückblickend lässt sich der Trend zur medialen Individualisierung bereits im Aufkommen des Fernsehens erkennen, der den Genuß von Bewegtbildern vom gemeinschaftlichen Erleben im großen Kinosaal entkoppelte und ihn in die familiäre Wohnstube verlagerte. Ähnliches gilt für den Plattenspieler, welcher das

---

[209] vgl. Goldhammer & Zerdick (1999): 164
[210] ARD/ZDF-Medienkommission (2007): 18
[211] Goldhammer & Zerdick (1999): 164 ff.

Musikerlebnis vom Konzertsaal entkoppelte. Die Audiokassette ermöglichte durch die Möglichkeit seiner mobilen Nutzung ein noch individuelleres Hören: „Die fortschreitende Miniaturisierung von Kassetten-Abspielgeräten bis hin zum handtellergroßen Kassettenrecorder erhöhte dann die Mobilität und Individualität des Musikkonsums in einem bisher nicht dagewesenen Ausmaß."[212] Dies setzte sich fort in der Entwicklung weiterer tragbarer Tonträger und den jeweiligen Abspielgeräten für Compact Disc, MiniDisc und DAT (Digital Audio Tape) bis hin zu MP3.

Später verdeutlichten detailliert nach eigenen Wünschen personalisierbare Geräte wie PC oder Mobiltelefon derartige Individualisierungstendenzen in der Mediennutzung - und eben auch der Verlust von Öffentlichkeit durch das Medium Radio, der sich in einigen Nutzungsstatistiken widerspiegelt.

Akzeptiert man den Hörfunk als ‚Lean Back-Medium', so ergibt sich daraus nur ein begrenztes Potenzial, von den Nutzern aktiv mit gestaltet zu werden. Mindestens erstreckt sich die Aktivität des Nutzers jedoch auf den Auswahlprozess bei der Programmwahl, eine Entscheidung, die unabhängig von der Nutzungsform zu treffen ist. Die Bereitstellung von neuartigen Spartenprogrammen und Online-Radiodiensten wie Last.fm kann diesen Wunsch nach dem personalisierten Programm jedoch bedienen, zumal sich über den individuellen Musikgeschmack und dessen Subjektivität nicht streiten lässt. Damit wäre die in der Personalisierungs-Pyramide höchste Stufe erreicht.

Eine Neigung zur Entwicklung anhand der Pyramide ist im Netz deutlich zu erkennen: Social Networking und Web 2.0 erfreuen sich größerer Beliebtheit denn je, mehrere hundert Millionen Menschen weltweit vernetzen sich bereits über entsprechende Plattformen. Die Ausweitung dieses Konzeptes auf den Hörfunk scheint da nur folgerichtig und erfolgversprechend. So lebt das Beispiel Last.fm „von der Grundidee, den Musikgenuss einerseits zu individualisieren, zugleich aber fremdes Know-How von Menschen, die einen ähnlichen Geschmack haben, einzubringen. Wenn man Last.fm geschickt nutzt, wird die Seite zu einem personalisierten Formatradio. Und genau das ist es, was man sich eigentlich auf dem Radiogerät wünscht."[213] Internetradio und die verwandten Online-Radiodienste sind somit eine weitere Variante individueller Bedürfnisbefriedigung.

---

[212] Friederici (2006): 16
[213] Patalong (2009)

5.1.2. Modernisierung und Individualisierung bei Ulrich Beck

Die Gefährdung der Zukunftsperspektiven des konventionellen Hörfunks nach gegenwärtigem Zuschnitt in Deutschland wird argumentativ von der Individualisierungsthese nach Ulrich Beck gestützt. Ob sie damit kausal belegbar ist, soll im folgenden Abschnitt erörtert werden.

Vorangestellt sei, dass sich zwar auch u.a. Georg Simmel und Norbert Elias bereits zuvor mit dem Phänomen der Individualisierung befasst haben. Im Rahmen dieser Arbeit soll die theoretische Fokussierung jedoch vorrangig auf dem Individualisierungskonzept von Ulrich Beck beruhen, da ihm die jüngere gesellschaftstheoretische Analyse zu Grunde liegt.

Ulrich Beck stellte 1986 die Individualisierung als wichtiges Kennzeichen der Moderne dar[214], deren Aufkommen auch den Ansatzpunkt für Individualisierung bilde. In seiner sozialwissenschaftlichen Diagnose setzt er diese als eine ambivalente, übergeordnete, gesellschaftliche Entwicklung der westlichen Gesellschaft voraus.

Modernisierung beschreibt Beck zunächst, allgemein gesprochen, als einen bereits seit Jahrhunderten andauernden Prozess, der eine Überwindung von Bekanntem mit sich bringt und von Technisierung und Rationalisierung geprägt zu sein scheint.

Er unterscheidet zwei Phasen der Modernisierung: In einer ersten vollzieht sich (etwa bis zum zweiten Weltkrieg) der Wandel von der ständisch geprägten Agrargesellschaft hin zur Industriegesellschaft, deren behauptete Charakteristik als „durch und durch moderne Gesellschaft"[215] ohne religiöse Weltbilder, ständische Privilegien und eine unbezwingbare Natur, als „Ende der Gesellschaftsgeschichte"[216] sich nicht halten ließ. Stand und Klasse haben dieser ersten Phase der Modernisierung vielmehr standgehalten. Beck bezieht sich hierbei auf den Klassenbegriff Max Webers.[217] In der zweiten Phase gelingt erst ein Erkennen der industriellen Logik mitsamt ihrer Risiken und Nebenwirkungen. Die Menschen blicken nun kritischer auf die erste Phase zurück und erkennen, dass moderne

---

[214] vgl. Treibel (2004): 251
[215] Beck (1986): 15
[216] Beck (1986): 15
[217] vgl. Ebers (1995): 265

Technologien - Beck erwähnt unter anderem die Atomkraft oder die Gentechnologie – auch massive Gefährungspotenziale nach sich ziehen können.

Eine Komponente dieser Entwicklung ist laut Beck unter anderem die Herausbildung einer „Risikogesellschaft"[218], in der nicht mehr die Distribution materiellen Wohlstands, sondern gesamtgesellschaftlicher und individueller Risiken bestimmend für menschliches Handeln werden.

Die mit diesem Prozess verbundene Individualisierung wiederum gliedert sich Beck zu Folge in drei wesentliche Dimensionen: Die „Freisetzungsdimension"[219] beschreibt zunächst die „Herauslösung aus historisch vorgegebenen Sozialformen und -bindungen im Sinne traditionaler Herrschafts- und Versorgungszusammenhänge"[220], die „Entzauberungsdimension"[221] wird charakterisiert durch den „Verlust von traditionalen Sicherheiten im Hinblick auf Handlungswissen, Glauben und leitende Normen"[222], sowie jedoch gleichzeitig auch eine „Kontroll- bzw. Reintegrationsdimension"[223], die „eine neue Art der sozialen Einbindung"[224] impliziert.

Nach Beck greift die Individualisierung in nahezu alle Lebensbereiche der modernen Menschen ein, die sich dadurch einerseits neuer Chancen und Optionen gegenübergestellt sehen, andererseits jedoch auch neuen Verpflichtungen und Zwängen zur Gestaltung der eigenen Biographie ausgesetzt sind. Letztere werde dadurch aus bestehenden Fixierungen gelöst und in die Verantwortung eines jeden einzelnen gelegt: „Entscheidungen über Ausbildung, Beruf, Arbeitsplatz, Wohnort, Ehepartner, Kinderzahl usw. mit all ihren Unterunterentscheidungen können nicht nur, sondern müssen getroffen werden,"[225] was nach Beck ein „aktives Handlungsmodell des Alltags"[226] fordert.

Diesen Alltag zu gestalten, gleiche einer „unsteten und manchmal auch unsicheren Wanderung"[227] eines ‚Sinn-Bastlers', den Beck bewusst vom ‚Sinn-Konstrukteur'[228] abgrenzt, da ihn nicht langwieriges, komplexes Gestalten nach

---

[218] Beck (1986): 1
[219] Beck (1986): 206
[220] Beck (1986): 206
[221] Beck (1986): 206
[222] Beck (1986): 206
[223] Beck (1986): 206
[224] Beck (1986): 206
[225] Beck (1986): 216
[226] Beck (1986): 217
[227] Beck/Beck-Gernsheim (1994): 312
[228] vgl. Beck/Beck-Gernsheim (1994): 310

festen Regeln auszeichne, sondern vielmehr „all jene kleinen, alltäglichen Unternehmungen des individualisierten Menschen, [...] sein eigenes Leben zu bewältigen."[229] Dieser ‚Sinn-Bastler' handle zwar nicht so systematisch und konzeptionell wie ein ‚Sinn-Konstrukteur', er wisse jedoch demzufolge typischerweise Bescheid über „Lebenssinn- und Lebensstil-Angebote – insbesondere qua Medien; [...] gut genug jedenfalls, um tun zu können, wozu er ohnehin gezwungen ist: zwischen den Angeboten zu wählen, sich sein individuelles (was [...] keineswegs heisst: sein besonders originelles) Lebenspaket zusammenzustellen bzw. sich zwischen den vor- und zuhandenen Alternativen (stets: bis auf weiteres) zugunsten einer Sinn-Heimat zu entscheiden."[230]

Ihn zeichneten des Weiteren wechselnde Gruppenzugehörigkeiten aus, über die er seine Identität selbst definiere, ja definieren müsse: „Er stückelt seine Tage aus ‚Zeit-Blöcken' oder ‚Zeit-Teilen' zusammen. Er montiert sein Leben – nicht nur, aber vor allem – als Teilhaber an verschiedenen sozialen Teilzeit-Aktivitäten."[231]

In der Konsequenz wird mit dem Begriff Individualisierung oft auch eine Verringerung bzw. der Abbau der Sozialsysteme verbunden, die auf die ideologische Schlussfolgerung zurückgeht, wonach der Einzelne nun für sein Schicksal individuell verantwortlich sei.[232]

Beck sieht daneben erhebliche Auswirkungen auf Familienstrukturen, Erwerbsverhältnisse und die Arbeitnehmergesellschaft. Als entscheidend erachtet Beck, dass dem individualisierten Menschen sowohl die Notwendigkeit wie auch die Möglichkeit der Entscheidung zugeschrieben wird.[233] Dabei geht es ihm selbst weniger um den Umgang des Einzelnen mit seiner Situation, weniger also „um die Analyse von Individualität an sich"[234], sondern eher um „die sozialstrukturellen Bedingungen ihrer Entfaltung in einer spezifischen gesellschaftsgeschichtlichen Situation."[235] Das ‚Zusammenbasteln' der eigenen Biographie kann demnach auch als Ergebnis oder Reaktion auf Individualisierung betrachtet werden.

Kritik an Beck entzündet sich im Wesentlichen an der mangelnden Einbettung und theoretischen Fundierung seiner Thesen[236] sowie den pessimistischen Prognosen

---

[229] Beck/Beck-Gernsheim (1994): 310
[230] Beck/Beck-Gernsheim (1994): 311
[231] Beck/Beck-Gernsheim (1994): 311
[232] vgl. Korte (2004): 157
[233] vgl. Korte (2004): 158
[234] Ebers (1995): 267
[235] Ebers (1995): 267
[236] vgl. Ebers (1995): 262

zur Auflösung westlicher Gesellschaften in Folge der Modernisierung, die eher als ergebnisoffener Prozess betrachtet werden könne, der durchaus Reformen erlaube.[237]

5.1.3. Rückläufige konventionelle Radionutzung als Individualisierungssymptom

Der kommerzielle Absatz der vorgestellten Endgeräte zur komfortablen Nutzung von Internetradio sowie deren Resonanz in den Medien sind Ausdruck eines Erfolges der neuen Technologie. Eine Kausalität mit der stagnierenden konventionellen Hörfunknutzung lässt sich empirisch nicht belegen, möge er auch naheliegen.

Wenngleich es für die Konsistenz der persönlichen Biographie wesentlichere Entscheidungen geben mag als die Wahl eines Hörfunkprogramms, so lässt sich doch auch bei diesem Prozess erkennen, wie die Nutzung moderner Technik zwar neue Möglichkeiten bietet (hier: die Auswahl eines geeigneteren Programms), jedoch gleichzeitig auch nach einer Entscheidung verlangt, soll sie der Zusammenstellung einer „Sinn-Heimat"[238] dienen. Kommt der Nutzer dem Entscheidungszwang nicht nach, wird er - gemäß Beck[239] - damit bestraft, dass ihm die neue Technik samt ihrer Möglichkeiten zur Lebensstil-Gestaltung versagt bleibt.

Nimmt der Hörer die Möglichkeit wahr, Internetradio zu nutzen, so ist er - einmal mehr im Zeitalter der nachindustriellen Informationsgesellschaft[240] - vor die Entscheidung gestellt, sich für ein Programm zu entscheiden. Die Ausweitung des Programmangebotes erlaubt zwar auch die Entscheidung für ein von der bisherigen UKW-Technologie bekanntes, konventionelles Massenprogramm. Doch einerseits lässt sich damit der Vorteil des neuen, digitalen Verbreitungsweges Internet, der ja gerade unter anderem in einer größeren Programmvielfalt und einer optimierten Bedürfnisbefriedigung besteht, nicht ausnutzen. Andererseits ist doch davon auszugehen, dass die Entscheidung für ein neues, digital (und nicht terrestrisch) verbreitetes Programm selbst unter pessimistischen Annahmen zur Entscheidung gegen ein konventionelles Programm führen wird, wie Windgasse

---

[237] vgl. Ebers (1995): 267
[238] Beck/Beck-Gernsheim (1994): 311
[239] vgl. Beck (1986): 217
[240] vgl. Schäfers (1997): 192

(2009) in seiner Ergebnisanalyse der WDR-Webradiostudie darlegt. Demnach dürfte die Nutzungsfrequenz eines konventionellen Senders sinken, selbst wenn er sich auch über den Verbreitungsweg Internet wieder als Favorit etablieren könnte.[241]

Interpretiert man die vorliegenden empirischen Studien zur konventionellen Hörfunknutzung als Stagnation oder Rückgang der Radionutzung, vor allem auch bei Jugendlichen, so lässt sich vermuten, dass ihr eine individuellere, personalisiertere Radionutzung und/oder mediale Freizeitgestaltung als in der ‚konventionellen Vergangenheit' zu Grunde liegt, deren Wurzeln durchaus in einer Pluralisierung der Lebensstile zu finden sein könnten.

Ein empirischer Beweis hierfür lässt sich von diesem Standpunkt aus erst erbringen, wenn künftige Studien die positive Korrelation von rückläufiger konventioneller Radionutzung bei gleichzeitig ansteigender Internetradionutzung zweifelsfrei nachweisen. Theoretisch belegbar ist die rückläufige Entwicklung der Hörfunknutzung in Deutschland mit der Individualisierungsthese im Sinne Ulrich Becks durchaus.

5.2. Hypothese 2: Konventionelles Massenradio wird fortbestehen

Bei allen Vorteilen, die der über digitale Kanäle verbreitete Hörfunk in der Ausreizung seiner Potenziale mit sich bringen kann, lässt sich ebenso die Position aufrechterhalten, dass das konventionelle Radio, so wie wir es in den letzten Jahrzehnten kennen und nutzen gelernt haben, auch dieser Konkurrenz standhalten wird.

Sollte das bereits erwähnte Rieplsche Gesetz Gültigkeit behalten, wonach ein einmal etabliertes Medium nie ganz außer Gebrauch gesetzt werden wird[242], so würde dies wiederum im Umkehrschluss nicht zwangsläufig bedeuten, dass keine Perspektive für Internetradio bestünde.

Seit den 1990er-Jahren planen Verbände und Politik die Abschaltung der UKW-Frequenzen in der Bundesrepublik. Grundlage dieses Vorhabens stellt zwar die Digitalisierung des Hörfunks dar, nicht jedoch auf Basis des Verbreitungsweges Internet, sondern auf Basis eines Umstiegs auf DAB, einem Projekt, von dem sich der Privatfunk weitgehend zurückgezogen hat. Vor- und Nachteile von DAB

---
[241] vgl. Windgasse (2009): 133
[242] vgl. Riepl (1913): 5

wurden bereits in Kapitel 1.2. dieser Arbeit erörtert. Die UKW-Abschaltung würde das Rieplsche Gesetz quasi per Dekret umgehen, denn ohne ausgestrahlte Programme würden auch die treuesten Nutzer auf UKW nicht mehr zugreifen können und das konventionelle Radio wäre eben doch außer Gebrauch gesetzt.

Da jedoch nicht davon auszugehen ist, dass die Politik die Rahmenbedingungen des Hörfunks in einem solchen Maße beeinflussen wird, ohne die Meinung der Programmanbieter zu berücksichtigen, dürfte über die Ultrakurzwelle noch einige Jahre gesendet werden. Dessen ist sich beispielsweise Gert Zimmer sicher, Geschäftsführer von RTL Radio Deutschland, einem der größten Senderbetreiber, für den DAB schon gar keine Rolle mehr spielt: „Wir sprechen also über zusätzliche Kanäle, um kleinere Zielgruppen optimal bedienen zu können. Wir sprechen über Applikationen auf mobilen Endgeräten. Und wir sprechen über neue Angebotsformen, die gezielt die für das Internet typische Vernetzung und Interaktion ermöglichen. Mittelfristig sehen wir das Internet als zweite Säule der Programm- und Angebotsverbreitung für Hörfunksender. [...] Unabhängig hiervon bleibt unser Kerngeschäft aber sicherlich noch über viele Jahre hinweg die UKW-Verbreitung."[243] Auch die Landesmedienanstalten sehen einen Weiterbetrieb von UKW in Deutschland bis über das Jahr 2015 hinaus, obwohl die EU-Kommission dann die endgültige Abschaltung vorsieht.[244] Beide Stellungnahmen bestätigen die Annahme, dass sich der konventionelle Hörfunk via UKW und neue, individualisierte Radioangebote via Internet gegenüberstehen werden.

Unter dieser Prämisse sieht sich der Hörer also mit zwei Technologien konfrontiert, die er, zumindest in absehbarer Zukunft, durchaus komplementär nutzen können wird. Diese Variante liegt sogar nahe, unterstellt man dem Nutzer ein rationales und kostenbewusstes Verhalten im Sinne des Homo Oeconomicus, jener Modellkonstruktion eines Menschen, der sich seiner Möglichkeiten im Dilemma vollkommen bewusst ist und absolut vorausschauend handelt.[245] Unter finanziellen Gesichtspunkten stellt die weitere Nutzung der bestehenden, analogen Technik mit den bestehenden, analogen Endgeräten die günstigste Möglichkeit der Radionutzung dar. Dieser Faktor erhält zusätzliches Gewicht durch die Erfahrungen mit DAB, wo unter anderem die teuren Endgeräte die Verbraucher

---

[243] Zimmer (2009)
[244] vgl. Albert (2007): 308
[245] vgl. Treibel (2004): 133

vom Kauf abhielten und somit die anvisierte, breite Etablierung der Technologie verhinderten. Andererseits ist nicht davon auszugehen, dass alle Nutzer der altbekannten, analogen Variante verhaftet bleiben werden, sodass die neuen, digitalen Nutzungsoptionen bei einem Teil der Hörerschaft bereits heute Anklang finden.

Die Namensgebung des vorgestellten Online-Radiodienstes Last.fm beruht auf dem Anspruch, das ‚letzte Radio' zu sein, gewissermaßen ein erneuter Abgesang auf das konventionelle Radio. Interessant bleibt nun – bei allen Vorteilen, die ein personalisiertes Radio mit sich bringen mag - die Frage, inwieweit die vom Hörer geforderte Interaktion und Rückmeldung tatsächlich erfolgt und positiv bewertet wird. Selbst unter dieser Annahme bedeutete dies noch nicht zwangsläufig das Ende des konventionellen Hörfunks. Die zur Personalisierung des Radioprogramms geforderte Interaktivität seitens des Rezipienten, wie Last.fm und ähnliche sie einfordern, würde einen Wandel des Mediums auch in seiner Nutzung dahingehend bedeuten, dass es sich vom ‚Lean Back-Medium' zum ‚Bent Forward-Medium'[246] entwickelt. Mit Blick auf die Historie des Hörfunks scheinen gewisse Zweifel angebracht, war es doch jahrzehntelang gerade die Stärke des Radios, besonders wenig Aktivität seitens des Hörers einzufordern.
Außerdem sollte nicht außer Acht gelassen werden, dass sich selbst bei einem starken Einbruch der konventionellen Hörfunknutzung Nischen-Einsatzbereiche erhalten werden, für die der bisherige Übertragungsweg UKW weiterhin zweckmäßig erscheint.

Zusammengefasst ist also von einer Konkurrenzsituation von konventionellem Massenrundfunk via UKW und Internetradio auszugehen. Hierbei stehen sich bekannte und bewährte, passive Nutzungsoptionen auf der analogen Seite und ein neues, immens umfangreiches Angebotsportfolio und neue Endgeräte auf der digitalen Seite gegenüber. Dabei ist es für den Hörer mit der Entscheidung für die eine oder die andere Technologie nicht getan. Vielmehr sieht sich der Nutzer der digitalen Verbreitungswege nicht nur einer neuen Technologie, sondern auch

---

[246] vgl. Goldhammer & Zerdick (1999): 50

einem neuen Programmangebot ausgesetzt, in dem er sowohl seine bekannten Favoriten von der UKW-Skala wiederfinden wird, als auch tausende unbekannte, neu zu entdeckende Programme unterschiedlichster Couleur aus aller Welt.

Fühlt sich der Nutzer von der von ihm verlangten Entscheidung überfordert, dann greift hier das Prinzip der Komplexitätsreduktion: Er vertraut seinen altbewährten, bekannten Stationen. Auch kann er eine Zwischenlösung wählen: Er nutzt zwar möglicherweise den Verbreitungsweg Internet, greift jedoch dort wieder auf diese Programme zurück.

Demnach ist davon auszugehen, dass der konventionelle Massenrundfunk auch dann erhalten bleibt, wenn die Digitalisierung des Hörfunks via Internet weiter vorangeschritten ist.

5.2.1. *Theoretische Begründung: Komplexe Selektionsprozesse begünstigen konventionellen Hörfunk*

Die Entscheidung über Erfolg oder Misserfolg der neuen Verbreitungswege liegt im Wesentlichen bei den Nutzern - welche die neue Technik nicht zwangsläufig annehmen müssen.

Denn einerseits bringt die menschliche Bequemlichkeit eine gewisse Trägheit in der Auseinandersetzung mit der neuen Technologie mit sich, zumal es sich hierbei nicht um eine existenzielle Innovation handelt.

Andererseits führt auch der immer wiederkehrende Selektionsprozess bei der digitalen Programmauswahl zu einer höheren Komplexität als dies bei der herkömmlichen UKW-Auswahl der Fall war. In beiden Fällen wird das Individuum versuchen, die Komplexität zu reduzieren. Im Folgenden wird erörtert, wie dies im konkreten Problemfall geschehen kann.

Die Bedienung technischer Geräte bedeutet Komplexität und erfordert einen Lernprozess, dessen Notwendigkeit der Homo Oeconomicus abwägen wird. So führt der Informatiker Wilfried Brauer in seinem Essay über den Einfluss moderner Computertechnologie auf das menschliche Lernen aus, dass die Technisierung zwar die Arbeit reduziert, gleichzeitig jedoch auch die Komplexität der verbleibenden Arbeit erhöht habe, „auch deshalb, weil die Geräte und Maschinen entwickelt, gebaut und gewartet werden mussten und weil die Nutzung vieler Geräte sowie die Bedienung der Maschinen immer mehr Fertigkeiten und Kenntnisse erforderte."[247]

Selbst wenn wir nun davon ausgehen, dass die Bedienung neuer, digitaler Radiogeräte intuitiv und ähnlich wie bei konventionellen Empfängern erfolgt, ist ein Umstieg mit einem gewissen materiellen und geistigen Aufwand verbunden, was ein erstes Hindernis für die Verbreitung von Digitalradio auf Basis des Internets darstellt. Besonders die ältere Generation, eine Gruppe intensiver Radiohörer, dürfte der konventionellen Technik verhaftet sein, kann sie doch um so länger auf die erfolgreiche Geschichte des bewährten Systems UKW zurückblicken, und hat sie doch schon um so mehr technische Innovationen kommen und gehen sehen.

Nicht unerwähnt bleiben sollte an dieser Stelle auch, dass die Tendenz zu einem Verbleib bei den traditionellen Angeboten um so deutlicher ausfallen wird, je mehr der einzelne Hörer am bisherigen Massenhörfunk Gefallen fand. Schließlich müssen sich die in Kapitel 1.2. erwähnten Nachteile des konventionellen Radios nicht unbedingt und nicht für Jedermann gleichermaßen als Nachteile darstellen.

Gleichzeitig geht mit der Erweiterung des Programmangebotes im digitalen Umfeld ein härterer „Kampf um die Aufmerksamkeit"[248] des Rezipienten einher. Zwar müssen nicht mehr so große Zielgruppen erreicht werden, doch für das Individuum reduziert dies die Problematik nicht: Das umfangreiche neue Programmangebot zieht komplexe Entscheidungsprozesse nach sich, die nur durch Aneignung von Medienkompetenz so abgeschlossen werden können, dass es nicht zu einer Reizüberflutung kommt. Unabhängig davon, ob es sich nun um Informationen im Sinne von mehr oder minder relevanten Nachrichten oder um Unterhaltungselemente handelt, muss der Einzelne seine mediale Umgebung selbst konfigurieren – und das bedeutet angesichts einer wachsenden Auswahl auch immer mehr Aufwand. Für Glotz (2002) ist dieser Aufwand allerdings zu bewältigen: „Diese Kompetenz ist erwerbbar, wenn man sich darum auch mehr Mühe geben muss als unsere Gesellschaft. Man muss die Welt nicht im Informationsmüll versinken sehen."[249]

---

[247] Brauer (2002): 53
[248] Glotz (2002): 124
[249] Glotz (2002): 125

Dies wirft jedoch die Frage auf, ob diese Mühe von den Rezipienten aufgebracht werden wird, zumal sie sich über Jahrzehnte an eine möglichst passive Nebenbeinutzung des Mediums gewöhnt haben oder daran gewohnt wurden und die Neugier hinter der Skepsis zurücktritt. Denn zwar birgt der Entscheidungsprozess für ein Programm aus einem großen Pool von Programmen die Chance auf eine bis dato unbekannte Neuentdeckung, wahrscheinlicher jedoch auch die ‚Gefahr' der Fehlentscheidung, deren Sanktionen im konkreten Fall als unerwünschte Belästigung mit nicht zusagenden Inhalten empfunden wird.

Neue, noch nicht bekannte Programme genießen unter Komplexitätsgesichtspunkten schlicht zu wenig Vertrauen, als dass sie den bekannten, eben ‚vertrauten' Größen binnen kurzer Zeit die Existenzgrundlage streitig machen könnten.
Somit ist zu erwarten, dass die Hörer sich auch mit modernsten digitalen Endgeräten auf Internetbasis weiterhin den traditionellen Programmanbietern zuwenden werden, da sie die Komplexität einer unüberschaubaren Auswahl von tausenden Stationen als zu hoch bewerten und sie dadurch reduzieren, dass sie dem bekannten, konventionellen Massenhörfunk vertrauen.

5.2.2. Komplexitätsreduktion bei Niklas Luhmann

An dieser Stelle erfolgt eine Klärung des Begriffes Komplexität, den ich im Rahmen dieser Arbeit im systemtheoretischen Sinne Niklas Luhmanns verwende, denn er verknüpft Komplexität auch eng mit dem Auswahlbegriff.
Komplexität bezeichnet ihm zu Folge „die Zahl der Möglichkeiten, die durch Systembildung ermöglicht werden. Sie impliziert, dass Bedingungen (und somit Grenzen) der Möglichkeit angebbar sind, dass also Welt konstituiert ist, und zugleich, dass die Welt mehr Möglichkeiten zulässt, als Wirklichkeit werden können, und in diesem Sinne ‚offen' strukturiert ist." [250]
Einerseits lässt sich nach Luhmann diese Relation zwischen System und Welt als bestandsgefährdende Überforderung problematisieren. Andererseits lasse sie sich als „Aufbau einer ‚höheren' Ordnung von geringerer Komplexität durch Systembildung in der Welt"[251] und damit als Selektionsleistung problematisieren.

---

[250] Luhmann (1989): 5
[251] Luhmann (1989): 5

Übertragen auf den Gegenstand dieser Arbeit konstituiert sich Komplexität durch die unüberschaubare Zahl ursprünglich ungeordneter Möglichkeiten der Hörfunkrezeption. Im Sinne Luhmanns ergibt sich aus dieser Situation eine potenziell die Existenz des konventionellen Hörfunks gefährdende Überforderung des Nutzers, der sich wiederum mit Hilfe von Vertrauen als Komplexität reduzierende Maßnahme zu orientieren sucht.

Somit spricht die Eigenschaft des Menschen, Vertrauen zu suchen, vertrauen zu wollen und zu müssen, damit ein „elementarer Tatbestand sozialen Lebens"[252], für einen Verbleib bei den bekannten Anbietern, die mit großer Verlässlichkeit und geringen Überraschungseffekten punkten können und die bereits ein langjähriges Vertrauensverhältnis zu ihren Hörern aufbauen konnten. Denn „Vertrauen reduziert soziale Komplexität, vereinfacht also die Lebensführung durch Übernahme eines Risikos. Fehlt die Bereitschaft dazu oder wird Vertrauen ausdrücklich verneint, um die Risiken einer voreiligen Absorption von Unsicherheit zu vermeiden, ist damit alleine das Problem noch nicht gelöst. Die Funktion des Vertrauens bliebe so unerfüllt. Wer sich nur weigert, Vertrauen zu schenken, stellt die ursprüngliche Komplexität der Geschehensmöglichkeiten wieder her und belastet sich damit. Solches Übermaß an Komplexität überfordert aber den Menschen und macht ihn handlungsunfähig. Wer nicht vertraut, muss daher, um überhaupt eine praktisch sinnvolle Situation definieren zu können, auf funktional äquivalente Strategien der Reduktion von Komplexität zurückgreifen. Er muss seine Erwartungen ins Negative zuspitzen, muss in bestimmten Hinsichten misstrauisch werden."[253] Vertrauen kann demnach als alle Lebensbereiche essenziell übergreifend betrachtet werden.

Luhmann betont, wie sehr sich das Individuum angesichts einer überwältigend großen gesellschaftlich verfügbaren Komplexität auf den Anderen verlassen müsse: „Der Einzelne kann sie [...] nur nutzen, wenn sie ihm in schon reduzierter, vereinfachter, zurechtgemachter Form angeliefert wird. Er muss, mit anderen Worten, sich auf fremde Informationsverarbeitung stützen und verlassen können."[254] In unserem konkreten Untersuchungsgegenstand kommt diese Rolle und Aufgabe dem konventionellen Hörfunkangebot zu.

---

[252] Luhmann (1989): 1
[253] Luhmann (1989): 78
[254] Luhmann (1989): 56

5.2.3. Geringe stationäre Internetradionutzung als Beispiel für Komplexität?

Die ARD/ZDF-Onlinestudie weist für die Jahre 2008 und 2009 eine exklusive Internetradionutzung von zehn bzw. 12 Prozent der Online-Nutzer (mindestens einmal pro Woche) aus.[255] Wie bereits angeklungen, erreichen die Tagesreichweiten von Internetradio nicht annähernd das Niveau des konventionellen Hörfunks. Rückblickend auf zehn Jahre Onlinestudie konstatieren die Autoren, es sei eine „Tendenz zu einer eher konservativ-zurückhaltenden Anwendungspraxis"[256] zu erkennen, die sich „neuerdings noch zugespitzt"[257] habe, auch der Anteil der experimentierfreudigen Nutzer stagniere.

Goldhammer und Zerdick verweisen in ihrer Studie zum Stand des Online-Rundfunks bereits im Jahre 1998 auf die Unübersichtlichkeit des Internets als wesentliche inhaltliche Restriktion aus der Nutzerperspektive. Demnach sind bei 60 Prozent der befragten Online-Nutzer eine Überfülle an Inhalten bzw. fehlende Navigationswerkzeuge verantwortlich dafür, dass sie den Suchprozess nach gewünschten Informationen im Netz als frustrierend empfinden.[258]

Nun haben sich in der Zwischenzeit unbestritten Entwicklungen vollzogen, die dieses Problem heute leichter meistern lassen. Erwähnt seien nur Aggregatoren, intuitivere Benutzeroberflächen und einfach zu bedienende Hardware.

Dennoch ist zu berücksichtigen, dass (noch) nicht jeder Nutzer mit den erforderlichen Werkzeugen gleichermaßen vertraut und mit der notwendigen Hard- und Software ausgestattet ist, sodass dieses Manko sicherlich auch heute noch für einen Teil der Online-Nutzergemeinde zutreffen wird. Für diesen Teil stellt die Nutzung von Internetradio eine hohe Komplexität dar.

Wenngleich ein kausaler Zusammenhang schwer zu beweisen ist, zeigen die Ergebnisse einer weiteren Untersuchung bei Jugendlichen, dass sie sich auch online den bekannten Radioangeboten zuwenden: Einer explorativen Studie über den Umgang so genannter Early Adopters (bildungsbevorzugte, überdurchschnitt-

---

[255] vgl. ARD/ZDF-Onlinestudie 2009 In: van Eimeren & Frees (2009): 353
[256] ARD/ZDF-Medienkommission (2007): 15
[257] ARD/ZDF-Medienkommission (2007): 15
[258] vgl. Goldhammer & Zerdick (1999): 137

lich interessierte und kommunikative jugendliche Nutzungspioniere bei medialen Neuerungen[259]) mit Internetradio zu Folge schätzen diese vor allem die angebotenen Begleitinformationen und Kommunikationsangebote auf den Webseiten, nicht in erster Linie ein möglichst personalisiertes Musikangebot, auch wenn der Musik nach wie vor eine hohe Bedeutung zukommt.[260] Außerdem finden sie über konventionelle Radioprogramme zu den Live Streams und Internetradios: „Die Nutzung von Internetradio bedeutet zunächst eine Verlängerung des traditionellen Radios: Etablierte Radioanbieter dienen als wichtige Startpunkte und auch die Hauptinhalte werden von den Rezeptionsgewohnheiten in Bezug auf das traditionelle Radio ins Internet übertragen."[261]

Was den Selektionsprozess bei der Programmwahl betrifft, ist laut dieser Studie „zu konstatieren, dass sich die Hörerinnen und Hörer beim Internetradio wie auch beim analogen bzw. digitalen Radio nur einigen ausgewählten Radioanbietern bevorzugt zuwenden. Die oft beschriebene grenzenlose Erweiterung des Programmangebots schlägt sich damit nicht in einer Ausweitung des persönlich präferierten Angebots an Internetradios nieder."[262]

Beide Phänomene (die Komplexität des Radioangebotes und seiner Nutzung im Internet sowie die konservative Online-Mediennutzung am PC) sind vom gegenwärtigen Stand aus empirisch nicht kausal verknüpfbar. Dennoch verweisen sie auf eben die Problematik, welche die in dieser Arbeit vorgestellten Endgeräte und Nutzungsoptionen zu reduzieren versuchen - indem sie den Nutzer neugierig auf unentdeckte Inhalte und Programme machen, indem sie Komplexität durch einfache und intuitive Benutzeroberflächen reduzieren, indem sie dem Hörer eine größere Mobilität und Flexibilität bei der Nutzung erlauben, anstatt ihn an den PC zu fesseln.

Insofern lässt sich aus dem Nutzungsverhalten von Internetradio am Desktop-PC nur unzureichend auf die Nutzung von Internetradio in Küche, Bad oder Auto schlussfolgern, dessen Komplexität reduzierende Gestalt mittelfristig höhere Nutzungswerte erwarten lässt.

---

[259] vgl. Lauber, Wagner & Theubert (2007): 4
[260] vgl. Lauber, Wagner & Theubert (2007): 16
[261] Lauber, Wagner & Theubert (2007): 17
[262] Lauber, Wagner & Theubert (2007): 14

5.3. Ergebnis

Die Individualisierungsthese im Sinne Ulrich Becks auf der einen, und das Modell der Komplexitätsreduktion im Sinne der Luhmannschen Systemtheorie auf der anderen Seite fundierten die beiden Hypothesen, woraus sich jeweils unterschiedliche Perspektiven für den deutschen Radiomarkt prognostizieren lassen.

Bei der Überprüfung der Thesen anhand der zu Grunde liegenden theoretischen Konstrukte konnte dargelegt werden, dass an den Parametern der Hörfunknutzung Individualisierungstendenzen ablesbar sind. Hierbei wurde unter anderem auf das Formatkonzept des konventionellen Hörfunks und auf die Erfolge personalisierter bzw. personalisierbarer Onlineangebote verwiesen. Erweitert auf die mobile Musiknutzung generell, spricht auch der Erfolg des MP3-Players tendenziell für eine Individualisierung des Hörgenusses.

Gleichzeitig lieferten Studien stichhaltige Belege dafür, dass bei der Nutzung von Digitalradio über den Verbreitungsweg Internet am Desktop-PC eine derartige Komplexität entsteht, dass sich die Anwender zu deren Reduktion auf ihr Vertrauen zu altbekannten Anbietern des konventionellen Hörfunks stützen, was eine vollkommene Individualisierung der Hörfunknutzung kurz- und mittelfristig eher nicht erwarten lässt. Experten gehen jedoch davon aus, dass das Entwicklungshindernis der Komplexität bei der Gerätebedienung im Laufe der Zeit für immer mehr Menschen überwindbar werden wird.

Anknüpfend an die Ergebnisse der empirischen Forschung lässt sich ein Rückgang der Radionutzung gerade bei jungen Hörern nicht leugnen. Die Ursachen dieser Entwicklung werden vielschichtiger gelagert sein als die Analyse anhand der beiden Theoriekonstrukte in dieser Arbeit zu Tage fördern kann. Dennoch wird absehbar, dass sich die Perspektiven für den konventionellen Hörfunk mit dem Aufkommen neuer digitaler Verbreitungswege auf Internetbasis kaum verbessern dürften. Die Konkurrenz aus dem Netz stellt zwar nicht zwangsläufig eine existenzielle Gefahr für konventionelle Radioanbieter dar, wird jedoch das Risiko von spürbaren Reichweitenverlusten in den nächsten Jahren deutlich erhöhen. Hier kann das Verhalten der Early Adopters[263] als Alarmzeichen gewertet werden: Es lässt zum einen erahnen, wie sich die Hörer von morgen entscheiden werden und

---

[263] vgl. Lauber, Wagner & Theunert (2007)

zum anderen, wie der Umgang mit der neuen Technologie tatsächlich erfolgen wird. Gleichzeitig zeichnet sich im Internet eine Entwicklung ab, die immer mehr auf die Personalisierung von Angeboten und Inhalten ausgerichtet ist: Social Networking-Plattformen wie Facebook, Musikportale wie Last.fm oder Aggregatoren wie radio.de stellen den Nutzer in den Mittelpunkt, immer mit der Option, neue Entdeckungen (hier: Kontakte, Musik, Radiostationen) zu machen. Diese Verbindung zwischen eigenen Favoriten und Neuvorschlägen gibt auch der konventionelle Hörfunk vor zu bedienen: ‚Die besten Hits der 70er, 80er, 90er und das Beste von heute' – so oder so ähnlich klingen die Claims unzähliger deutscher AC-Stationen – bedeuten in der Realität wenig Überraschung und wenig Innovation.

Bis dato war die Nutzung des konventionellen Hörfunks in bestimmen Rezeptionssituationen alternativlos: Wer beim Zähneputzen auch nur irgendetwas hören wollte, der schaltete das UKW-Radio ein. Wer auf der Autobahn den nächsten Stau umfahren wollte, der schaltete das UKW-Radio ein. Und wer auf Reisen seinen Heimatsender hören wollte, der hatte wenig Aussicht auf eine Erfüllung seines Wunsches. Doch mit der Mobilität der neuen digitalen Empfangsgeräte ändern sich die Zeiten: Im Bad verspricht ein iRadio seinen Dienst zu leisten, in dessen Programmportfolio die konventionellen Anbieter mit tausenden Programmen jeglicher Couleur aus aller Welt konkurrieren. Auf der Autobahn kümmert sich das Navigationssystem um die Stauumfahrung und das Internetradio um die Unterhaltung, das ebenfalls mehr zu bieten hat als die beschränkte Auswahl der UKW-Skala. Und auch wer unterwegs auf die heimatliche Mundart im Radio nicht verzichten will, der hat jetzt Glück – und schaltet einfach seinen gewohnten Heimatsender ein. Hinzu kommen all diejenigen, deren spezieller Musikgeschmack oder deren besonderes (regionales oder thematisches) Interessengebiet im konventionellen Massenradio nicht zufriedenstellend repräsentiert wurde. Falls diese Rezipienten dem Radio nicht bereits gänzlich abgeschworen haben und noch zu den zähneknirschenden Kritikern des gegenwärtigen Programmangebotes zählen, so eröffnen sich für sie in den Weiten des Internets neue Chancen darauf, ihre Wünsche zu erfüllen.

Zusammengefasst ist zu bezweifeln, dass sich der von Personalisierung und Individualisierung geprägte Medienrezipient unserer Tage sich auch künftig noch beim Radiohören mit dem kleinsten gemeinsamen Nenner zufrieden geben wird.

Es muss jedoch auch berücksichtigt werden, dass der Leidensdruck unter dem konventionellen Radio bzw. die Neugier auf neue Programme nicht bei Jedermann so stark ausgeprägt sein werden, dass die neue Technologie sofort jeden UKW-Empfänger verdrängen wird. Hinzu kommen die Anschaffungskosten und – dies stand im Vordergrund bei dieser Analyse – die Komplexität bei Einrichtung und Anwendung der neuen Endgeräte, sodass es auch in absehbarer Zukunft sicher noch Hörer geben wird, die ihr Vertrauen im Zuge eines Orientierungsprozesses den konventioneller Massenprogrammen schenken werden. Verstärkend wirkt die Tatsache, dass das Internet im Kontrast zu den herkömmlichen Programmen wenig Tradition bieten kann.

In der abschließenden Analyse ist davon auszugehen, dass sich die Situation weniger als ein Vernichtungskampf zweier Systeme (konventioneller Hörfunk via UKW vs. Internetradio über WLAN, WWAN etc.) darstellt, sondern eher als an Härte zunehmender Verdrängungswettbewerb, bei dem von keiner Seite zu erwarten ist, dass sie sich zu 100 Prozent durchsetzen wird. Somit konnte keine der Hypothesen einwandfrei belegt werden und die Erkenntnisse deuten eher auf eine Evolution des Radiomarktes hin als auf eine Revolution.

6. Fazit

In dieser Magisterarbeit wurde der Frage nachgegangen, inwieweit sich die Hörgewohnheiten deutscher Radiohörer vor dem Hintergrund technischer Innovationen im Zusammenhang mit der Digitalisierung und neuen Audioangeboten im Internet ändern. Die Verbreitungswege DAB und DSR standen nicht im Mittelpunkt der Betrachtung.

Dabei wurde zunächst ein Überblick über die Entwicklung des Radionutzungsverhaltens in der Bundesrepublik geliefert. Anschließend wurden die relevanten technischen Innovationen vorgestellt und deren Auswirkungen auf die Hörfunknutzung unter Zuhilfenahme verschiedener empirischer Erhebungen kritisch analysiert.

Die Wahl der beiden Theoriekonstrukte erwies sich als grundsätzlich praktisches Instrumentarium bei einer Entwicklungsanalyse für den deutschen Hörfunkmarkt, wenngleich diese auch nicht als allumfassend und allgemeingültig gelten kann. Zu viele weitere Faktoren (Entwicklung der Familien- und Arbeitssituation, Lebensstile und Lebensstandards, aber auch die technische Reife kommender Produkte u.a.) beeinflussen die Hörfunknutzung, sodass sich die Aussagekraft auf die Fundamente Individualisierung und Komplexität stützt und durch weitere Forschung in den genannten weiteren Bereichen ergänzt werden sollte.

Die Perspektiven für den deutschen Radiomarkt werden demnach von zwei Parametern determiniert sein: Einerseits hängt der wirtschaftliche Erfolg zumindest der privaten Stationen vom Glauben der Werbung treibenden Industrie ab, die unter bestimmten Umständen auch bereit sein könnte, sich im Radio auch bei geringeren Reichweiten zu engagieren, sich jedoch ebenso mit der wachsenden Komplexität im Radiomarkt abfinden werden muss. Der Vertrieb von Radiowerbung wird sich nicht mehr nur auf wenige, bundesweit verbreitete Formate beschränken, sondern sich fragmentieren. Von der Wandlungsfähigkeit, der Flexibilität und dem Vertrauen der Werbung treibenden Industrie hängt also auch in Zeiten des Digitalradios viel ab.

Andererseits wird das Radio einmal mehr seine Wandlungsfähigkeit unter Beweis stellen und auf die Bedürfnisse seiner Hörerschaft individueller eingehen müssen.

Da dieser zweite Aspekt den ersten quasi bedingt, kommt den Programmanbietern dabei die Hauptverantwortung zu, denn es könnte sich als Fehler erweisen, in der jetzigen Phase den Anschluss zu verpassen. Gerade bei den Größen im Radiogeschäft sieht es jedoch nicht danach aus: Mehrere Radiokonzerne haben ihrerseits bereits auf den sich abzeichnenden Wandel der Nutzungsgewohnheiten reagiert. So bietet beispielsweise das Konsortium Digital 5 (ein Tochterunternehmen von RTL Radio Deutschland) einen Pool von musiklastigen Online-Zusatzkanälen an, aus dem Privatsender Angebote auswählen und unter ihrem Namen über ihre Websites und diverse Aggregatoren vertreiben können. [264]

Angesichts der großen Programmvielfalt im World Wide Web können die konventionellen Anbieter mit derartigen Kanälen sicherlich ihren Startvorteil dadurch nutzen, dass sie Hörer über ihre UKW-Kanäle auch auf ihre Onlinestationen aufmerksam machen. Damit wird jedoch ausgerechnet jene Gruppe vom profitablen Verbreitungsweg UKW abgeworben, die bislang zu den Hörern zählte. Gleichzeitig ist es aufgrund der ‚Unendlichkeit' des Internets schier unmöglich, den Onlineradiomarkt mit Programmen aus bis dato konventionellen Funkhäusern geradezu zu überschwemmen, um Hörer weiter zu binden – ein Dilemma.

Gerhards und Klingler (2006) stellten bereits bei der Analyse der Nutzungsmotive des Hörfunks im Rahmen der ARD/ZDF-Onlinestudie 2006 fest, dass sich angesichts des Bedeutungszuwachses des Internets vor allem die Formate behaupten werden, „die einerseits radiospezifischen Eigenschaften gerecht werden und andererseits einen Mehrwert (inhaltlich oder in der Nutzungssituation) gegenüber anderen Medien gewährleisten. Hier haben Emotionalität, Informationsqualität und Zielgruppenschärfe, die entscheidenden Stärken im Wettbewerb mit anderen Medien, für den Erfolg des Mediums Radio zentrale Bedeutung."[265]

Der Ausweg aus dem Digitalisierungsdilemma kann und muss für den konventionellen Hörfunk auf Basis dieser Stärken gefunden werden. Dabei führt meines Erachtens zumindest im UKW-Sektor an der Formatierung auch künftig kein Weg vorbei. Zu spezialisiert und individualisiert sind mittlerweile die Erwartungen der Nutzer an das jeweilige Programm, die es zu treffen gilt. In diesem Sinne scheint mir jedoch eine individueller auf kleinere, speziellere Zielgruppen ausgerichtete Profilierung der Programme empfehlenswert.

---

[264] Zimmer (2009)
[265] Gerhards/Klingler (2006): 84

Somit sehe ich auch im Internetzeitalter für das konventionelle Radio positive Perspektiven. Unter der Prämisse, dass Programmverantwortliche sich der Notwendigkeit bewusst sind, auf die Individualisierung der Hörfunknutzung zu reagieren, kann auch die etwas provokante Frage „Internet kills the radio star?" mit einem ‚optimistischen Nein' beantwortet werden.

7. Literatur

- **Albert, Reinhold (Hrsg.) / Arbeitsgemeinschaft der Landesmedienanstalten in der Bundesrepublik Deutschland (ALM)**, 2007: ALM Jahrbuch 2006. Berlin.

- **Arbeitsgemeinschaft Media-Analyse e.V. (ag.ma)**, 2007a: ma 2007 radio II Dokumentation. Frankfurt.

- **Arbeitsgemeinschaft Media-Analyse e.V. (ag.ma)**, 2007b: MA 98-07. Archiv-CD-ROM. Frankfurt.

- **Arbeitsgemeinschaft Media-Analyse e.V. (ag.ma)**, 2009a: Eckdaten Radio 2009/II. Pressemitteilung. Frankfurt.

- **Arbeitsgemeinschaft Media-Analyse e.V. (ag.ma)**, 2009b: Die Media-Analyse Hörfunk. Erhebungsmethode. Frankfurt. Online-Ressource: http://www.agma-mmc.de/03_forschung/hoerfunk/erhebung_methode/erhebungsmethode.asp?topnav=10&subnav=196. Abruf am 01.12.2009, 13:24 Uhr.

- **Arbeitsgemeinschaft Media-Analyse e.V. (ag.ma)**, 2009c: Die Media-Analyse Hörfunk. Stichprobe. Frankfurt. Online-Ressource: http://www.agma-mmc.de/03_forschung/hoerfunk/erhebung_methode/stichprobe.asp?topnav=10&subnav=196. Abruf am 01.12.2009, 13:38 Uhr.

- **Arbeitsgemeinschaft Media-Analyse e.V. (ag.ma)**, 2009d: Pressemitteilung: Eckdaten der Radionutzung ma 2009 Radio I. Frankfurt. Online-Ressource: http://www.agma-mmc.de/files/PM_ma_2009_Radio_I_und_Eckdaten.pdf. Abruf am 03.12.2009, 0:26 Uhr.

- **ARD.de**, 2009: ARD/ZDF-Pressemeldung: ARD/ZDF-Onlinestudie: Nachfrage nach Videos und Audios steigt weiter. Frankfurt/Mainz. Online-Ressource: www.ard.de/-/id=1088620/15agzn9/index.html. Abruf am 07.12.2009, 02:09 Uhr.

- **ARD/ZDF-Onlinestudie 2009**, 2009. Baden-Baden. Online-Ressource: www.ard-zdf-onlinestudie.de/index.php?id=134. Abruf am 07.12.2009, 02:02 Uhr.

- **ARD/ZDF-Medienkommission**, 2007: Internet zwischen Hype, Ernüchterung und Aufbruch. 10 Jahre ARD/ZDF-Onlinestudie. Baden-Baden.

- **AS&S**, 2009: ma 2009 radio II: Daten zum Radiomarkt und zur Radionutzung. Frankfurt. Online-Ressource: http://www.ard-werbung.de/fileadmin/downloads/forschung/Radioforschung/2009_II_Basics_-_D_EU_10__Stand_14.07.2009_ohne_Geraete_.pdf. Abruf am 11.08.2009, 16:11 Uhr.

- **Beck, Ulrich**, 1986: Risikogesellschaft. Auf dem Weg in eine andere Moderne. Frankfurt/Main.

- **Beck, Ulrich / Beck-Gernsheim, Elisabeth (Hrsg.)**, 1994: Riskante Freiheiten. Individualisierung in modernen Gesellschaften. Frankfurt/Main.

- **Berg, Klaus / Ridder, Christa-Maria**, 2002: Massenkommunikation VI. Eine Langzeitstudie zur Mediennutzung 1964-2000. Baden-Baden.

- **Berg, Matthias / Hepp, Andreas**, 2007: Musik im Zeitalter der Digitalisierung und kommunikativen Mobilität. Chancen, Risiken und Formen des Podcastings in der Musikindustrie. In: M&K Medien & Kommunikationswissenschaft, Sonderband „Musik und Medien", S. 28-44. Hamburg.

- **Best, Stefanie / Engel, Bernhard**, 2007: Qualitäten der Mediennutzung. Ergebnisse auf Basis der ARD/ZDF-Studie Massenkommunikation. In: Media Perspektiven 01/2007, S. 20-36. Frankfurt. Online-Resource: http://www.media-perspektiven.de/uploads/tx_mppublications/01-2007_Engel.pdf. Abruf am 05.12.2009, 16:17 Uhr.

- **Bischoff, Jürgen**, 2001: Die Perspektiven digitaler Hörfunkübertragung: Status Quo von Digital Audio Broadcasting (DAB) und möglicher alternativer Übertragungsverfahren. Eine Studie im Auftrag der Bundestagsfraktion Bündnis 90 / Die Grünen. Berlin. Online-Ressource: http://de.geocities.com/juebi55/Consulting/competent_DAB-Studie.pdf. Abruf am 12.08.2009, 04:01 Uhr

- **BLAUPUNKT**, 2009: Premiere: Blaupunkt bringt Webradio ins Auto. Hamburg 600i und New Jersey 600i bieten grenzenlose Musikvielfalt. Presse-Information. Hildesheim. Online-Ressource: http://www.blaupunkt.com/press/download.aspx/2611/BP_iRadio.pdf. Abruf am 14.08.09, 14:45 Uhr.

- **Bleicher, Joan / Hasebrink, Uwe / Schmidt, Jan et al.**, 2008: Zur Entwicklung der Medien in Deutschland zwischen 1998 und 2007. Wissenschaftliches Gutachten zum Kommunikations- und Medienbericht der Bundesregierung. Hamburg. Online-Ressorurce: http://www.bundesregierung.de/Content/DE/__Anlagen/BKM/2009-01-12-medienbericht-teil2-barrierefrei,property=publicationFile.pdf. Abruf am 15.01.2010, 12:14 Uhr.

- **Brauer, Wilfried**, 2002: Kein Lernen mehr in der Internet-Gesellschaft? In: Rippl, Daniela / Ruhnau, Eva (Hrsg.): Wissen im 21. Jahrhundert. Komplexität und Reduktion, S. 51-60. München.

- **Brecht, Bertolt**, 1932: Der Rundfunk als Kommunikationsapparat. Berlin.

- **Brünjes, Stephan / Wenger, Ulrich**, 1998: Radio-Report. Programme – Profile – Perspektiven. München.

- **Ebers, Nicola**, 1995: „Individualisierung": Georg Simmel - Norbert Elias – Ulrich Beck. Würzburg.

- **Ecke, Jörg-Oliver**, 1991: Motive der Hörfunknutzung. Eine empirische Untersuchung in der Tradition des ‚Uses and Gratifications-Ansatzes'. Nürnberg.

- **Fisch, Martin / Gscheidle, Martin**, 2006: Onliner 2006: Zwischen Breitband und Web 2.0 – Ausstattung und Nutzungsinnovation. In: Media Perspektiven 08/2006, S. 431-440. Frankfurt. Online-Resource: http://www.media-perspektiven.de/uploads/tx_mppublications/08-2006_Fisch.pdf. Abruf am 27.10.2009, 16:17 Uhr.

- **Fraunhofer-Institut für Integrierte Schaltungen**, 2009: mp3: Funktionsweise. Wie funktioniert gehörangepasste Audiocodierung? Erlangen. Online-Ressource: http://www.iis.fraunhofer.de/bf/amm/products/mp3/mp3workprinc.jsp. Abruf am 11.08.2009, 16:08 Uhr.

- **Friederici, Markus R. / Schulz, Frank / Stromeyer, Matthias-S.**, 2006: Der Technik Kern – soziale Folgen technischer Innovationen am Beispiel des Tonträgers. In: Hamburg review of social sciences, volume 1, issue 1, S. 105-144. Hamburg. Online-Ressource: http://www.hamburg-review.com/fileadmin//pdf/hrss0601_frederici.pdf. Abruf am 03.10.2009, 4:52 Uhr.

- **GEMA**, 2009: Hintergrundinformationen. Berlin. Online-Ressource: http://www.gema.de/musiknutzer/musiknutzer-hintergrundinformati/. Abruf am 14.11.2009, 14:39 Uhr

- **Gerhards, Jürgen**, 2002: Öffentlichkeit. In: Neverla, Irene / Grittmann, Elke / Pater, Monika (Hrsg.) (2002): Grundlagentexte zur Journalistik, S. 128-136. Konstanz.

- **Gerhards, Maria / Klingler, Walter**, 2006: Mediennutzung in der Zukunft. Traditionelle Nutzungsmuster und innovative Zielgruppen. In: Media Perspektiven 02/2006, S. 75-90. Frankfurt. Online-Resource: http://www.media-perspektiven.de/uploads/tx_mppublications/02-2006_Gerhards.pdf. Abruf am 06.12.2009, 17:00 Uhr.

- **Glotz, Peter**, 2002: Informationsflut und Medienkompetenz. In: Rippl, Daniela / Ruhnau, Eva (Hrsg.): Wissen im 21. Jahrhundert. Komplexität und Reduktion, S. 123-130. München.

- **Goldhammer, Klaus / Zerdick, Axel**, 1999: Rundfunk Online. Entwicklung und Perspektiven des Internets für Hörfunk- und Fernsehanbieter. Eine Studie, erstellt im Auftrag der Direktorenkonferenz der Landesmedienanstalten. Berlin

- **Handyscout.de**, 2009: Tarifkonditionen The Phone House Surf Mobile XS (im Vodafone-Netz). Hamburg. Online-Ressource: http://www.handyscout.de/orders/offerDetails.php?sOfferId=o000895&varSessionID=864f0d57a412ff7624a3484a65306e1e Abruf am 28.11.2009, 18:44 Uhr.

- **Hartmann, Tilo / Scherer, Helmut / Möhring, Wiebke / Gysbers, Andre / Badenhorst, Bastian / Lyschik, Caroline / Piltz, Verena**, 2007: Nutzen und Kosten von Online-Optionen der Musikbeschaffung. In: M&K Medien & Kommunikationswissenschaft, Sonderband „Musik und Medien", S. 105-119. Hamburg.

- **Häusermann, Jürg**, 1998: Grundlagen der Medienkommunikation, Bd. 6: Radio. Tübingen

- **Heffler, Michael**, 2008: Radio im Werbemarkt. In: Müller, Dieter K. / Raff, Esther (Hrsg.): Praxiswissen Radio. Wie Radio gemacht wird – und wie Radiowerbung anmacht, S. 49-58. Wiesbaden.

- **Internet World Stats**, 2009: Internet Usage Statistics. Bogota. Online-Ressource: http://www.internetworldstats.com/stats.htm. Abruf: 14.11.2009, 14:33 Uhr.

- **Katz, Elihu / Blumler, Jay G. / Gurevitch, Michael**, 1974: Utilization of Mass Communication by the Individual. In: Blumler, Jay G. / Katz, Elihu (Hrsg.): The Uses of Mass Communications. Current Perspectives on Grativications Research, S. 19-32. Zit. in: Keller, Michael (1992): Affektive Dimensionen der Hörfunknutzung. Eine empirische Studie zur Nutzung und Bewertung von Hörfunkprogrammen. Nürnberg.

- **Klingler, Walter / Müller, Dieter K.**, 2007: Radio behauptet seine Position im Wettbewerb. Wichtige Ergebnisse und Trends aus der ma 2007 Radio II. In: Media Perspektiven 09/2007, S. 461-471. Frankfurt. Online-Resource: http://www.ard-werbung.net/uploads/tx_mppublications/09-2007_Klingler_Mueller.pdf. Abruf am 18.10.2009, 16:54 Uhr.

- **Koch, Hans Jürger / Glaser, Hermann**, 2005: Ganz Ohr. Eine Kulturgeschichte des Radios in Deutschland. Köln.

- **Korte, Hermann**, 2004: Soziologie. Konstanz.

- **Kotowski, Timo**, 2009: Zukunft des Radios: IP-Radios locken Hörer von Stammsendern weg. Hamburg. Online-Ressource: http://www.spiegel.de/netzwelt/web/0,1518,druck-621794,00. Abruf am 30.04.2009, 19:45 Uhr.

- **Kropp, Kristian / Morgan, Patrick**, 2008: Konzeption und Gestaltung von CHR-Formaten. In: Schramm, Holger (Hrsg.): Musik im Radio Rahmenbedingungen, Konzeption, Gestaltung, S. 179-182. Wiesbaden.

- **Langheinrich, Thomas (Hrsg.) / Arbeitsgemeinschaft der Landesmedienanstalten in der Bundesrepublik Deutschland (ALM)**, 2009: ALM Jahrbuch 2008. Berlin.

- **Last.fm**, 2009a. London. Online-Ressource: http://www.lastfm.de/help/faq. Abruf am 17.11.2009, 15:02 Uhr.

- **Last.fm**, 2009b. London. Online-Ressource: http://www.lastfm.de/group/Logitech+Squeezebox+Scrobblers. Abruf am 17.11.2009, 16:07 Uhr.

- **Last.fm**, 2009c. London. Online-Ressource: http://www.lastfm.de/advertise. Abruf am 18.11.2009, 14:39 Uhr.

- **Lauber, Achim / Wagner, Ulrike / Theunert, Helga**, 2007: Internetradio und Podcasts – neue Medien zwischen Radio und Internet. Eine explorative Studie zur Aneignung neuer Audioangebote im Auftrag der Bayrischen Landeszentrale für neue Medien (BLM). München. Online-Ressource: http://www.jff.de/dateien/Endbericht_Internetradio_Podcasts1.pdf. Abruf am 15.01.2010, 12:10 Uhr.

- **Lenherr, René**, 2003: Radioprogrammgestaltung im Verlauf der letzten zwei Jahrzehnte – der Wandel in der Musikprogrammierung aufgezeigt am Beispiel Schweizer Radio DRS 3. Analyse des publizistischen Umganges mit Musik im Radioprogramm anhand von Experteninterviews, Inhaltsanalysen und Aktenstudium. Lizentiatsarbeit an der Universität Zürich. Zürich. Online-Ressource: http://www.swiss-music-news.ch/publikationen/Lenherr_Liz_DRS3.pdf. Abruf am 11.08.2009, 16:05 Uhr.

- **Lückemeier, Peter**, 2004: Der HR gewinnt Hörer, doch FFH bleibt Sieger. In: FAZ.net. Frankfurt/Main. Online-Ressource: http://www.faz.net/s/Rub8D05117E1AC946F5BB438374CCC294CC/Doc~EFEF107A64A334C368BAE8550E0E90FD5~Atpl~Ecommon~Scontent.html. Abruf am 02.12.2009, 15:54 Uhr.

- **Luhmann, Niklas**, 1989: Vertrauen. Ein Mechanismus der Reduktion sozialer Komplexität. Stuttgart.

- **Mai, Lothar**, 2007a: Die Media-Analyse Radio. In: Müller, Dieter K. / Raff, Esther (Hrsg.): Praxiswissen Radio. Wie Radio gemacht wird – und wie Radiowerbung anmacht, S. 87-102. Wiesbaden.

- **Mai, Lothar**, 2007b: Radionutzung im Alltag. In: Müller, Dieter K. / Raff, Esther (Hrsg.): Praxiswissen Radio. Wie Radio gemacht wird – und wie Radiowerbung anmacht, S. 37-48. Wiesbaden.

- **Martens, Dirk / Amann, Rolf**, 2007: Podcast: Wear-out oder Habitualisierung? Paneluntersuchung zur Podcastnutzung. In: Media Perspektiven 11/2007, S. 538-551. Frankfurt/Main.

- **Mediadefine**, 2009: Umsatzprognose für deutschen Online-Werbemarkt nach oben korrigiert. Essen. Online-Ressource: http://www.mediadefine.de/page,4563,51928,0,0,100,0,de.htm. Abruf: 15.11.2009, 14:46 Uhr.

- **Oehmichen, Ekkehardt / Schröter, Christian**, 2003: Funktionswandel der Massenmedien durch das Internet? Veränderungen des Mediennutzungsverhaltens bei Onlinenutzern. In: Media Perspektiven 08/2003, S. 374-384. Frankfurt. Online-Resource: http://www.ard-zdf-onlinestudie.de/fileadmin/Online03/Online03_Ver_nderung.pdf. Abruf am 06.12.2009, 19:45 Uhr.

- **Patalong, Frank**, 2009a: Last.fm - Das letzte Radio. In: Spiegel Online. Hamburg. Online-Ressource: http://www.spiegel.de/netzwelt/web/0,1518,druck-648332,00.html. Abruf am 18.11.2009, 15:47 Uhr.

- **Patalong, Frank**, 2009b: Noxon Internet-Radio: Wundertüte und Heimweh-Killer. In: Spiegel Online. Hamburg. Online-Ressource: http://www.spiegel.de/netzwelt/spielzeug/0,1518,466651,00.html. Abruf am 02.12.2009, 0:38 Uhr.

- **Popp, Jutta**, 2008: Angebot an Radioprogrammen. In: Schramm, Holger (Hrsg.): Musik im Radio. Rahmenbedingungen, Konzeption, Gestaltung, S. 9-34. Wiesbaden.

- **Radio.de**, 2009, Hamburg. Online-Ressource: http://www.radio.de. Abruf am 15.11.2009, 14:04 Uhr.

- **Radioszene.de**, 2009: iPhone Apps werden unverzichtbar für Radiosender. Bedburg-Hau. Online-Ressource: http://radioszene.de/news/iPhone_Apps_spodtronic_090509.htm. Abruf am 28.11.2009, 4:14 Uhr.

- **Reitze, Helmut / Ridder, Christa-Maria (Hrsg.)**, 2006: Massenkommunikation VII. Eine Langzeitstudie zur Mediennutzung und Medienbewertung 1964-2005. Baden-Baden.

- **Riepl, Wolfgang**, 1913: Das Nachrichtenwesen des Altertums: mit besonderer Rücksicht auf die Römer. Leipzig.

- **Schäfers, Bernhard**, 1997: Techniksoziologie. In: Korte, Hermann / Schäfers, Bernhard (Hrsg., 1997): Einführung in Praxisfelder der Soziologie, S. 197-202. Opladen.

- **Schmidt, Axel**, 1999: Sound and Vision go MTV – die Geschichte des Musiksenders bis heute. In: Neumann-Braun, Klaus (Hrsg.): VIVA MTV! Popmusik im Fernsehen, S. 93-131. Frankfurt/Main.

- **Schramm, Holger / Hägler, Thomas**, 2007: Musikhören im MP3-Zeitalter. Substitutions-, Komplementaritäts- oder „more and more"-Effekte? In: M&K Medien & Kommunikationswissenschaft, Sonderband „Musik und Medien", S. 118-135. Hamburg.

- **Schramm, Holger**, 2008a: Nutzung von Radioprogrammen. In: Schramm, Holger (Hrsg.): Musik im Radio. Rahmenbedingungen, Konzeption, Gestaltung, S. 35-64. Wiesbaden.

- **Schramm, Holger**, 2008b: Praxis der Musikprogrammgestaltung. In: Schramm, Holger (Hrsg.): Musik im Radio. Rahmenbedingungen, Konzeption, Gestaltung, S. 149-166. Wiesbaden.

- **Schramm, Holger / Hofer, Matthias**, 2008: Musikbasierte Radioformate. In: Schramm, Holger (Hrsg.): Musik im Radio Rahmenbedingungen, Konzeption, Gestaltung, S. 113-134. Wiesbaden.

- **Sonos.de**, 2009, Hilversum. Online-Ressource: http://www.sonos.com/whattobuy/bundles/Default.aspx?rdr=true&LangType=1031. Abruf: 16.01.2010, 18:42 Uhr.

- **Stack, Björn**, 2008: Konzeption und Gestaltung von AC-Formaten. In: Schramm, Holger (Hrsg.): Musik im Radio Rahmenbedingungen, Konzeption, Gestaltung, S. 167-178. Wiesbaden.

- **Stadik, Michael**, 2007: Der Blick in die Zukunft. Wie Visual Radio und MP3 den digitalen Hörfunk prägen. In: Praxiswissen Radio. Wie Radio gemacht wird – und wie Radiowerbung anmacht, S. 181-208. Wiesbaden.

- **Stock, Ulrich**, 2005: Rettet das Radio! In: DIE ZEIT, Ausgabe vom 24. Februar 2005. Hamburg. Online-Ressource: http://www.zeit.de/2005/09/RettetdasRadio. Abruf am 11.08.2009, 16:04 Uhr.

- **Treibel, Annette**, 2004: Einführung in soziologische Theorien der Gegenwart. Wiesbaden.

- **Werres, Wolfgang**, 2006: Generation Download: Wie sich MP3-Player auf die Radionutzung auswirken. Ergebnispräsentation einer Studie der tns infratest Media Research-Studie bei den Medientagen München am 19.10.2006. München. Online-Ressource: http://www.medientage.de/mediathek/archiv/2006/Werres_Wolfgang.pdf. Abruf am 09.10.2009, 16:49 Uhr.

- **Windgasse, Thomas**, 2009: Webradio: Potenziale eines neuen Verbreitungsweges für Hörfunkprogramme. In: Media Perspektiven 3/2009, S. 129-137. Frankfurt/Main.

- **van Eimeren, Birgit / Ridder, Christa-Maria**, 2005: Trends in der Nutzung und Bewertung der Medien 1970 bis 2005: Ergebnisse der ARD/ZDF-Langzeitstudie Massenkommunikation. In: Media Perspektiven, 10/2005, S. 490-504. Frankfurt/Main.

- **van Eimeren, Birgit / Frees, Beate**, 2009: Ergebnisse der ARD/ZDF-Onlinestudie 2009. Nutzungsoptionen digitaler Audio- und Videoangebote. In: Media Perspektiven 07/2009, S. 349-355. Frankfurt/Main.

- **Vowe, Gerhard / Will, Andreas**, 2004: Die Prognosen zum Digitalradio auf dem Prüfstand. Waren die Probleme bei der DAB-Einführung vorauszusehen? München.

- **Vowe, Gerhard / Wolling, Jens**, 2004: Radioqualität – Was die Hörer wollen und was die Sender bieten. München.

- **Zimmer, Gert**, 2009: Die terrestrische Digitalisierung ist eine Fahrt in die Sackgasse. Interview mit Gert Zimmer, Geschäftsführer RTL Radio Deutschland, von Helmut Hartung. In: Promedia, Ausgabe 06/2009, Berlin. Online-Ressource: Goldmedia Blog, http://www.goldmedia.de/blog/2009/06/%E2%80%9Edie-terrestrische-digitalisierung-ist-eine-fahrt-in-die-sackgasse%E2%80%9C/. Abruf am 11.08.2009, 16:05 Uhr.